中村桂子コレクション
いのち愛づる生命誌
V

# あそぶ

## 12歳の生命誌

藤原書店

大学院生時代
東京大学の渡辺格研究室で実験中

高校生時代

前列左から２人目に化学の木村都先生、
後列右から３人目に著者

４歳頃

幼少時の写真は、これ以外
戦災で焼けてしまった

大学生時代

東京大学３年生の時、DNA の模型を作り、五月祭で展示した。まだ DNA という言葉はほとんど知られていなかった

中学生時代

島崎藤村の詩を朗読。左から２人目が著者

中村桂子《なかむらけいこ》コレクション　いのち愛《め》づる生命誌《せいめいし》　5

**あそぶ　12歳《さい》の生命誌《せいめいし》　もくじ**

## エピローグ　生《い》きているって　

中村桂子《なかむらけいこ》コレクション　いのち愛《め》づる生命誌《せいめいし》　5

# あそぶ　12歳《さい》の生命誌《せいめいし》

編集協力＝柏原怜子
甲野郁代
装　丁＝作間順子
カット＝本間　都

# 12歳《さい》のあなたへ——はじめに

## わたしが12歳《さい》だったとき

わたしは今《いま》、82歳《さい》。あなたより70年《ねん》も先《さき》に生《う》まれました。これから70年《ねん》たったときにあなたがどうなっているか、考《かんが》えるのはむずかしいでしょう。今《いま》あなたが、おじいさんやおばあさん、もしかしたらひいおじいさんやひいおばあさんといっしょに暮《く》らしていたら、ようすが少《すこ》しわかるかな。

いっぽうわたしは、あなたとおなじ12歳《さい》だったことがあります。とてもむかしのことなのでよくおぼえていないことが多《おお》いのですが、少《すこ》しそのころのことを思《おも》い出《だ》してみますね。あなたの体験《たいけん》と重《かさ》なるところがあるかもしれないけれど、時代《じだい》がちがうので、まったくちがう体験《たいけん》もありますから。

わたしが子《こ》どもだったころの一番大《いちばんおお》きなできごとは、戦争《せんそう》でした。わたしたちの国《くに》が戦争《せんそう》をしていたのです。幸《さいわ》い、日本《にほん》は70年間《ねんかん》も戦争《せんそう》のない国《くに》でした。でも、だから戦争《せんそう》のことなど考《かんが》えなくてよいということにはなりません。

わたしが子《こ》どものころ、日本《にほん》は主《しゅ》としてアメリカと戦《たたか》っており、それは太平洋《たいへいよう》戦争《せんそう》と呼《よ》びます。おなじころ、ヨーロッパでもドイツとイタリアが組《く》んでイギリスなどと戦《たたか》っていましたので、世界《せかい》じゅうが戦争《せんそう》にまきこまれていたといっても

よい状態《じょうたい》でした。そこで、このときの戦争《せんそう》を全体《ぜんたい》として第二次世界大戦《だいにじせかいたいせん》といいます。太平洋戦争《たいへいようせんそう》が始《はじ》まったのが1941年《ねん》、わたしが幼稚園《ようちえん》に通《かよ》っているときであり、終《お》わったのが1945年《ねん》、小学校《しょうがっこう》4年生《ねんせい》のときでした。

子《こ》どもですから、実際《じっさい》に戦争《せんそう》に行《い》ったわけではありませんが、国《くに》の力《ちから》がすべて戦争《せんそう》のために使《つか》われているのですから、子《こ》どもでもふつうの暮《く》らしはできません。とくに2年目《ねんめ》に入《はい》ってからは敗《ま》け戦《いくさ》でしたので、その影響《えいきょう》は国民全体《こくみんぜんたい》におよびました。

まず思《おも》い出《だ》すのは、食《た》べもののことです。お米《こめ》は、まず兵隊《へいたい》さんが食《た》べて元気《げんき》に戦《たたか》いに行《い》かなければなりません。それから、武器《ぶき》をつくるなどの仕事《しごと》をする大人《おとな》が食《た》べます。

お米《こめ》はないから、おいもでがまんしなさい――はじめは、さつまいもの入《はい》ったごはんになりました。しかも、味《あじ》よりたくさんとれることを優先《ゆうせん》したので、今《いま》あなたたちが焼《や》きいもで食《た》べているような、ほくほくのおいしいおいもではありません。そのうちおいものほうが多《おお》くなり、おいものまわりにごはん粒《つぶ》がついているのを、ごはんだと思《おも》って食《た》べました。最後《さいご》にはおいもだけ。白《しろ》いごはんが食《た》べられるのはあたりまえと思《おも》っているでしょうけれど、戦争《せんそう》になったら、今《いま》ふつうと思《おも》っていることができなくなるのです。小《ちい》さいころを思《おも》い出《だ》すと、ふつうに暮《く》らせることがどれだけたいせつかと、しみじみ感《かん》じます。

そのうち、日本《にほん》の本土《ほんど》に空襲《くうしゅう》が始《はじ》まりました。空襲《くうしゅう》というのは、敵《てき》（そのときはアメリカ）の飛行機《ひこうき》が、わたしたちが暮《く》らす町《まち》に爆弾《ばくだん》を落《お》としていくことです。大《おお》きな火事《かじ》が起《お》きて焼《や》け死《し》んだ人《ひと》がたくさんいます。東京《とうきょう》にあったわたしの家《いえ》も焼《や》け、子《こ》どものころの写真《しゃしん》など、みんななくなりました。今《いま》も自然《しぜん》の災害《さいがい》でたいせつなものを失《うしな》った人《ひと》があり、悲《かな》しいことですけれど、人間《にんげん》がそんなことをするのは、おかしいと思《おも》いませんか。

子《こ》どもが都会《とかい》にいてはあぶないというので、子《こ》どもたちだけで地方《ちほう》へ行《い》って暮《く》らしました。学童疎開《がくどうそかい》といいます。わたしは小学校《しょうがっこう》3年生《ねんせい》のときに山梨県《やまなしけん》に行《い》きました。今《いま》、夏休《なつやす》みなどにお友《とも》だちとキャンプをしに行《い》くのは楽《たの》しいでしょう。ときには、お父《とう》さんやお母《かあ》さんのいないところで羽《はね》をのばすのはうれしいですよね。でも、いつ家《いえ》に帰《かえ》れるかわからないまま、子《こ》どもたちだけで暮《く》らすのはとても心細《こころぼそ》く、夜《よる》になると泣《な》いているお友《とも》だちがたくさんいました。

しかも両親《りょうしん》は空襲《くうしゅう》のはげしい東京《とうきょう》で暮《く》らしているのですから、いのちをなくすかもしれないのです。それまでふつうと思《おも》っていた暮《く》らしができなくなり、家族《かぞく》で食《た》べたケーキやアイスクリームがとてもなつかしくなり、絵《え》に描《か》いて思《おも》い出《で》を話《はな》しあいました。

1945年《ねん》に、日本《にほん》にとっての太平洋戦争《たいへいようせんそう》、世界《せかい》としては第二次世界大戦《だいにじせかいたいせん》が終《お》わってからは、世界《せかい》じゅうが戦場《せんじょう》になるような戦争《せんそう》は起《お》きていません。太平洋戦《たいへいようせん》争《そう》で日本《にほん》に落《お》とされた原子爆弾《げんしばくだん》は、力《ちから》が大《おお》きいだけでなく、放射能《ほうしゃのう》がわたしたち人間《にんげん》を含《ふく》む生《い》きものたちのもっている遺伝子《いでんし》（物質《ぶっしつ》としてはＤＮＡ＊）を壊《こわ》します。つまり、次《つぎ》の世代《せだい》にまで影響《えいきょう》する恐《おそ》ろしい兵器《へいき》であり、これを使《つか》った戦争《せんそう》は人類《じんるい》を滅《ほろ》ぼす危険《きけん》があります。

ただ、本格的《ほんかくてき》な戦争《せんそう》はないといっても、テレビなどで毎日《まいにち》のように〝戦争《せんそう》〟のようすが伝《つた》えられますね。内戦《ないせん》といって、一《ひと》つの国《くに》の中《なか》で考《かんが》え方《かた》がちがうとか、部族《ぶぞく》がちがうなどという理由《りゆう》で争《あらそ》っているところがあちこちにあります。しかもそこにアメリカなど大《おお》きな国《くに》が兵士《へいし》を送《おく》り、最新兵器《さいしんへいき》で空《そら》から爆弾《ばくだん》を落《お》とすということも起《お》きています。原子爆弾《げんしばくだん》以外《いがい》でも、遺伝子《いでんし》に異常《いじょう》をおこさせる兵器《へいき》が使《つか》われることもあり、そこに暮《く》らしている人《ひと》にとっては、おそろしい戦争《せんそう》です。

そこにはあなたとおなじ子《こ》どもたちがたくさんいます。わたしは、自分《じぶん》の体験《たいけん》を思《おも》い出《だ》し、それは決《けっ》してやってはいけないことだと強《つよ》く思《おも》います。

幸《さいわ》い日本《にほん》ではそのようなことは起《お》きていませんから、あなたはこれまで戦争《せんそう》とは無関係《むかんけい》に暮《く》らしてこられて、本当《ほんとう》に幸《しあわ》せです。でも、世界《せかい》のどこにも戦争《せんそう》のないようにしなければいけないと思《おも》いませんか。そのために、あなたのできることはなにか。考《かんが》えてください。

まず、身近《みぢか》なお年寄《としよ》りから、戦争《せんそう》のときの話《はなし》を聞《き》いてください。また今起《いまお》きている戦争《せんそう》についても、お家《うち》のかたと話《はな》しあってください。

## 「いのち」のこと

あなたとおなじ年《とし》のころのことを思《おも》い出《だ》したらまず戦争《せんそう》のことが浮《う》かんできましたので、その話《はなし》になりましたが、この本《ほん》でわたしがあなたといっしょに考《かんが》えたいのは、「いのち」のことです。

ちょっとめんどうかな。ふだんゲームをしたりお友《とも》だちと野球《やきゅう》をしたりして夢中《むちゅう》になっているときは、そんなこと考《かんが》えませんね。もちろんお友《とも》だちと楽《たの》しく遊《あそ》べるのは生《い》きているからなのですけれど、そんなことあたりまえで、わざわざ考《かんが》えるまでもないと思《おも》うでしょう。そのとおりです。でも、もし今《いま》、空《そら》から爆弾《ばくだん》が落《お》ちてくるところで暮《く》らしていて、明日《あした》死《し》ぬかもしれないとしたら、そんなのいやでしょう。食《た》べるものがなくなって餓死《がし》をするかもしれなかったら、それもいやですね。ぼくのいのちをたいせつにしてよ、って思《おも》うでしょう。

これから中学生《ちゅうがくせい》になり、大人《おとな》になっていろいろな

ことをやってみたいのに、いのちを奪《うば》われたくない。今《いま》あなたには、現実《げんじつ》のこととして、それは考《かんが》えられないかもしれません。でも世界全体《せかいぜんたい》を見《み》ると、今《いま》このとき、そのような状況《じょうきょう》に置《お》かれている、あなたとおない年《どし》の子《こ》どもが、たくさんいるのです。そんなことも考《かんが》えると、「いのち」のたいせつさについて考《かんが》え、戦争《せんそう》や飢《う》えなどで人《ひと》が死《し》ぬ社会《しゃかい》にしないようにしなければいけないと思《おも》いませんか。世界《せかい》じゅうのだれもが思《おも》い切《き》り生《い》きられる社会《しゃかい》にすることがだいじですよね。

それは、いのちをたいせつにする社会《しゃかい》にするということです。野球《やきゅう》をするときは、思《おも》い切《き》り球《たま》に集中《しゅうちゅう》しなければ、ヒットは打《う》てません。テニスもおなじです。学校《がっこう》で勉強《べんきょう》しているときは、先生《せんせい》の話《はなし》を真剣《しんけん》に聞《き》かないと、新《あたら》しいことをおぼえられません。ごはんのときは、おいしいなあと思《おも》いながら食《た》べる……あなたの頭《あたま》はとても忙《いそが》しいのね。いろいろなことを考《かんが》えながら生《い》きていかなければならないのですから。

「いのち」のことなど考《かんが》えている暇《ひま》はないよ、と思《おも》うかもしれません。でも、スポーツやおいしい食事《しょくじ》を楽《たの》しめるのは、あなたが生《い》きているからです。「生《い》きている」ということが基本《きほん》にあって、わたしたちの毎日《まいにち》があるのです。だから、毎日《まいにち》をいっしょうけんめい生《い》きていくことが、いのちをたいせつにすることなのです。「いのち」という言葉《ことば》を特別《とくべつ》なものとして考《かんが》えなくても、そのように生《い》きていればだいじょうぶです。

でも、あなたのまわりでも、生《い》きるということはいのちをたいせつにすることだとわかっているのかな、と思《おも》うことが起《お》きていませんか。たとえば「いじめ」はどうでしょう。クラスの中《なか》でだれかをなかまはずれにすることはありませんか。いじめられた子《こ》が自殺《じさつ》をしてしまった、というニュースを見《み》て、とても悲《かな》しくなりました。一番《いちばん》たいせつなものである自分《じぶん》のいのちを自分《じぶん》でなくしてしまうなんて、一番《いちばん》起《お》きてほしくないことです。

戦争《せんそう》をしたり、いじめのせいで自殺《じさつ》が起《お》きたりするのはなぜだろう。それがないようにするにはどうしたらよいだろう、と考《かんが》える必要《ひつよう》があります。

わたしは長《なが》いあいだ、生《い》きものの研究《けんきゅう》をすることで、この問題《もんだい》を考《かんが》えてきました。そこで考《かんが》えたことをあなたに伝《つた》えたいと思《おも》い、研究《けんきゅう》を続《つづ》けている中《なか》で書《か》いた文章《ぶんしょう》を集《あつ》めたのが、この本《ほん》です。どれも「生《い》きているってどういうことだろう」と考《かんが》えながら書《か》いたものですので、あなたもそう考《かんが》えながら読《よ》んでくれると、うれしいです。

## たいせつなこと——「生命誌《せいめいし》」

まず、わたしの考《かんが》え方《かた》の基本《きほん》を聞《き》いてください。「生《い》

きているってどういうことだろう」と考《かんが》える学問《がくもん》の一番基礎《いちばんきそ》にあるのは「哲学《てつがく》」です。この本《ほん》にも『子《こ》どもだって哲学《てつがく》』という本《ほん》からとった文《ぶん》が入《はい》っています。「哲学《てつがく》」って、とてもむずかしい言葉《ことば》だけれど、どこかで聞《き》いたことがあるでしょう。「生《い》きている」という問題《もんだい》は、これまでも大勢《おおぜい》の人《ひと》が考《かんが》えてきましたから、それを勉強《べんきょう》して、自分《じぶん》でも考《かんが》えてみる学問《がくもん》です。

とてもだいじなのだけれど、わたしは哲学者《てつがくしゃ》ではありません。「生命誌《せいめいし》」というのが、わたしの専門《せんもん》です。頭《あたま》の中《なか》で考《かんが》えるだけでなく、実際《じっさい》に生《い》きている小《ち》さな生《い》きものたちをよく見《み》て、調《しら》べてみたいと思《おも》ったのです。

チョウやクモなど小《ち》さな生《い》きものがどのようにして生《う》まれてくるのか、どのようにして子《こ》どもを育《そだ》てるのかということをよく見《み》ると、生《い》きているってすばらしいことだなあということがわかってきます。

生《い》きものの科学《かがく》、つまり生命科学《せいめいかがく》の研究《けんきゅう》でわかってきたことをもとに、「生《い》きている」ということを考《かんが》えていく、新《あたら》しい学問《がくもん》です。第《だい》1章《しょう》「〝生《い》きている〟を見《み》つめる」にその考《かんが》え方《かた》が書《か》いてありますので、読《よ》んでください。

そのようにして調《しら》べた結果《けっか》をまとめると、「地球《ちきゅう》には最初《さいしょ》生《い》きものはいなかったのだけれど、38億年《おくねん》ほど前《まえ》に海《うみ》の中《なか》で生《い》きもの（といっても細胞《さいぼう》という小《ちい》さなものですけれど）が生《う》まれた」ことがわかりました。進化《しんか》を続《つづ》けて、今《いま》地球《ちきゅう》上《じょう》にいるたくさんの生《い》きものたちが生《う》まれたことも、わかりました。その一《ひと》つが、あなたです。つまり、あなたが今《いま》ここにいるためには、38億年《おくねん》という長《なが》い時間《じかん》が必要《ひつよう》だった。あなたの中《なか》には、その長《なが》い時間《じかん》が入《はい》っているのです。

それだけでも、「生《い》きているってすごい」でしょう。そして、「生《い》きものはすべて、38億年前《おくねんまえ》に地球《ちきゅう》に生《う》まれた祖先《そせん》から生《う》まれたのだから、どの生《い》きものも、みんななかま。もちろんあなたもその一《ひと》つであり、すべての生《い》きものとつながっている」ということも、明《あき》らかになりました。

この短《みじか》い文《ぶん》の中《なか》にも、たくさんのたいせつなことが入《はい》っていることに、気《き》づいてくれたかしら。

たとえば、「いじめ」をしてしまうのは、あいつは自分《じぶん》とはちがう、変《へん》なやつ、と思《おも》うからではないかしら。もちろん、一人一人《ひとりひとり》はちがってあたりまえ。一人《ひとり》としておなじ人《ひと》はいません。でもみんな祖先《そせん》がおなじなかまだということが明《あき》らかなのですから、だれかのことを自分《じぶん》とはまったくちがう、と考《かんが》えるのはまちがっていますね。

なかまだってときどき気《き》に入《い》らないことをすることはあるので、小《ちい》さな衝突《しょうとつ》があるのは、しかたありません。でも心《こころ》の中《なか》にいつも、みんなおなじ祖先《そせん》から生《う》まれたのだ、という気持《きも》ちをもつようにすれば、どうでしょう。クラスのみんなが

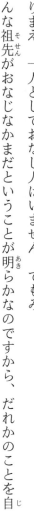

そのような気持《きも》ちをもてば、おたがいを思《おも》いやり、クラスの空気《くうき》が明《あか》るくなると思《おも》うので、「生命誌《せいめいし》」の考《かんが》え方《かた》を伝《つた》えたいのです。

戦争《せんそう》だって、そうです。おなじなかまどうしが殺《ころ》し合《あ》いをするなんて、おかしいでしょう。戦争《せんそう》は今《いま》あなたにとって身近《みぢか》なことではないかもしれません。でも今《いま》も地球《ちきゅう》のどこかでは武器《ぶき》を使《つか》った争《あらそ》いが起《お》きており、そこにあなたとおなじくらいの子《こ》どもたちがまきこまれているということ、前《まえ》にも書《か》きましたが、だいじなことなので、もう一度《いちど》いいます。

いのちは長《なが》い長《なが》い時間《じかん》をかけて生《う》まれたすばらしいものであり、みんながいのちをもつなかまだということを考《かんが》えたら、戦争《せんそう》なんておかしい、という答《こた》えが出《で》てくるのです。みんながこのような考《かんが》えをもたないと、あなたもいつか戦争《せんそう》にまきこまれるかもしれません。そんなことにならないよう、「生《い》きている」ことがどれだけすごいことで、だいじなことかがわかっている人《ひと》になってください。

地球上《ちきゅうじょう》に最初《さいしょ》に生《う》まれた祖先《そせん》は、一《ひと》つの細胞《さいぼう》だったといいました。その中《なか》に、わたしたち生《い》きものの性質《せいしつ》や生《い》き方《かた》をきめるDNAというだいじなものが入《はい》っています。このDNAは、原子爆弾《げんしばくだん》から出《で》る放射能《ほうしゃのう》にとても弱《よわ》いのです。ですから、原子《げんし》爆弾《ばくだん》を使《つか》うと、今生《いまい》きている人《ひと》のいのちをうばうだけでなく、これから生《う》まれてくる人《ひと》にも影響《えいきょう》を与《あた》えます。人類《じんるい》が続《つづ》いていけなくなる危険《きけん》があります。ですから、これを使《つか》った戦争《せんそう》はなおさらできません。

そんな危険《きけん》なものをもつのは止《や》めよう。今《いま》そのように考《かんが》える人《ひと》が増《ふ》えてきて、国際連合《こくさいれんごう》という、世界《せかい》じゅうの人《ひと》が集《あつ》まってこれからの社会《しゃかい》を考《かんが》えるところで、「核兵器《かくへいき》をなくそう」とい

放射能は雲にのって運ばれ、雨とともに降る

う約束《やくそく》がされていません。実《じっ》は、日本《にほん》はこの約束《やくそく》をしたなかまに入《はい》っていません。なぜでしょう。あなたは、どう思《おも》いますか。

これまでの話《はなし》で、いのちをたいせつにし、みんなが思《おも》い切《き》り生《い》きられる社会《しゃかい》にすることがたいせつだということに気《き》づいてくれたらうれしいです。少《すこ》しめんどうだったり、むずかしかったりするところがあるかもしれません。でも、本当《ほんとう》にだいじなことを知《し》ろうとすると、ちょっとむずかしいことにもチャレンジする必《ひっ》要《よう》があるのです。

この先《さき》を読《よ》んで、考《かんが》えてください。

＊ＤＮＡは細胞《さいぼう》の中《なか》にある物質《ぶっしつ》ですが、それを、あるときは「遺伝子《いでんし》」として見《み》たり、総体《そうたい》としての「ゲノム」など、さまざまな側面《そくめん》から見《み》ます。そこで、「ＤＮＡ（ゲノム）」のように、どこから見《み》ているかを示《しめ》す書《か》き方《かた》をしているところがあります。

# 1

# 〃生《い》きている〃を見《み》つめる

# 生《い》きものはつながりの中《なか》に

犬型《いぬがた》ロボットを知《し》っていますか。生《い》きものである犬《いぬ》のようすをよく観察《かんさつ》して、そっくりな動《うご》きをするように工夫《くふう》してつくってあります。体内《たいない》にコンピュータが入《はい》っていて、持《も》ち主《ぬし》の声《こえ》にこたえてしっぽをふるなど、とてもかわいいものです。でも、ロボットの犬《いぬ》は本物《ほんもの》の犬《いぬ》とはちがいます。どこがちがうのでしょう。そのちがいを考《かんが》えながら、生《い》きものの特徴《とくちょう》をさぐってみましょう。

ロボットの犬《いぬ》と本物《ほんもの》の犬《いぬ》をよく見《み》てください。本物《ほんもの》の犬《いぬ》は呼吸《こきゅう》をしています。呼吸《こきゅう》は、空気中《くうきちゅう》の酸素《さんそ》を体《からだ》に取《と》り入《い》れ、二酸化炭素《にさんかたんそ》を体《からだ》から出《だ》すことです。えさを食《た》べ、水《みず》を飲《の》んで、おしっこやうんちを体《からだ》から出《だ》します。このように、生《い》きものは、外《そと》から必要《ひつよう》なものを取《と》り入《い》れ、内《うち》から不要《ふよう》なものを出《だ》して、内《うち》と外《そと》とで物質《ぶっしつ》のやり取《と》りをしています。

ロボットはどうでしょう。ロボットの犬《いぬ》は呼吸《こきゅう》もせず、食《た》べたり飲《の》んだりすることもありません。ただ、動《うご》くためにはエネルギーが必要《ひつよう》ですから、外《そと》から電池《でんち》を入《い》れ、なくなったら交換《こうかん》します。生《い》きものとおなじに見《み》えますね。本当《ほんとう》におなじでしょうか。

本物《ほんもの》の犬《いぬ》が、鳥肉《とりにく》を食《た》べたとします。肉《にく》は、主《しゅ》としてタンパク質《しつ》からできています。タンパク質《しつ》は、犬《いぬ》の腸《ちょう》で分解《ぶんかい》されてアミノ酸《さん》という物質《ぶっしつ》になります。そして、腸《ちょう》のかべから吸収《きゅうしゅう》され、血管《けっかん》を通《とお》って犬《いぬ》の体全体《からだぜんたい》に運《はこ》ばれて、そこで再《ふたた》びタ

ンパク質《しつ》に組《く》みかえられます。ここでつくられるのは、犬《いぬ》の体《からだ》をつくるタンパク質《しつ》であって、ニワトリのものではありません。あなたが昨日《きのう》食《た》べたカレーライスのぶた肉《にく》は、あなたの体《からだ》をつくるタンパク質《しつ》に変《か》わって、今《いま》あなたの一部《いちぶ》としてはたらいています。つまり、外《そと》から取《と》り入《い》れたものが自分《じぶん》の一部《いちぶ》になるのが生《い》きものなのです。

ロボットの場合《ばあい》、電池《でんち》が犬《いぬ》の体《からだ》に変《か》わることは決《けっ》してありません。電池《でんち》は電池《でんち》、ロボットはロボットです。外《そと》から取《と》り入《い》れたものが自分《じぶん》の一部《いちぶ》になる、そのようなつながり方《かた》で外《そと》とつながっているのが、生《い》きものの特徴《とくちょう》です。

たくさんの食《た》べものを食《た》べて、生《う》まれたばかりのときは小《ちい》さかった飼《か》い犬《いぬ》のチロは、だんだん大《おお》きくなり、芸《げい》もできるようになりました。おなじチロなのに、月日《つきひ》とともに変《か》わりましたね。あなたも、赤《あか》ちゃんのときと今《いま》とでは、身長《しんちょう》も体《たい》重《じゅう》も、考《かんが》えることもずいぶん変《か》わったでしょう。先《さき》ほど説明《せつめい》したように、毎日《まいにち》食《た》べるものが体《からだ》をつくっていくのですから、体《からだ》をつくる物質《ぶっしつ》は、昨日《きのう》と今日《きょう》とで入《い》れかわり、まったくおなじではありません。生《う》まれ、成長《せいちょう》し、老《お》いて、死《し》んでゆく生《い》きものは、1秒《びょう》たりともおなじではないのです。でも、チロはチロ、あなたはあなたというように、一生《いっしょう》を通《つう》じてつながっていることも確《たし》かです。変化《へんか》・成長《せいちょう》しながら、一《ひと》つの個体《こたい》として時間《じかん》をこえてつながっている、これも生《い》きものの特徴《とくちょう》です。ロボットには、このような変化《へんか》や成長《せいちょう》はありません。

次《つぎ》に、生《う》まれ方《かた》を見《み》てみましょう。ロボットはだれかが組《く》み立《た》ててつくったものですが、本物《ほんもの》の犬《いぬ》をつくることはできません。犬《いぬ》は、母犬《ははいぬ》から生《う》まれます。あなたにも、両親《りょうしん》がいて、お母《かあ》さんから生《う》まれました。そして、両親《りょうしん》もその両親《りょうしん》、つまり、あなたのおじいさんとおばあさんがいたから生《う》まれてきたのです。こうしてたどっていくと、地球上《ちきゅうじょう》の生命《せいめい》の始《はじ》まりにまでさかのぼれます。チロもあなたも、長《なが》い長《なが》い生命《せいめい》の歴史《れきし》があったから生《う》まれたのです。どんなによくできたロボットでも、このようにして子孫《しそん》を残《のこ》すことはできません。

本物《ほんもの》の犬《いぬ》と犬型《いぬがた》ロボットとをくらべながら、生《い》きものの特徴《とくちょう》を見《み》てきました。生《い》きものは、外《そと》の世界《せかい》とつながり、一《ひと》つの個体《こたい》としてつながり、長《なが》い時間《じかん》の中《なか》で過去《かこ》の生《い》きものたちとつながるというように、さまざまなつながりの中《なか》で生《い》きていることがわかりました。このつながりこそが、生《い》きものの生《い》きものらしいところであり、ロボットとのちがいです。

あなたは生《い》きものです。だから、たくさんのつながりをもっています。身《み》の回《まわ》りにある水《みず》や空気《くうき》、大《おお》勢《ぜい》の人《ひと》びとや生《い》きものたちとはもちろん、過去《かこ》や未《み》来《らい》ともつながっています。あなたは、今日《きょう》もあなたであり、明日《あした》もあなたであり続《つづ》ける、たった一《ひと》つのかけがえのない存在《そんざい》です。と同時《どうじ》に、あなたは、あ

なた以外《いがい》のすべてとつながっているのです。そう考《かんが》えると、自分《じぶん》をたいせつにすることと他《ほか》をたいせつにすることはおなじことだという気持《きも》ちになりませんか。そして、今《いま》、あなたが生《い》きものとして生《い》きているということが、とてもすてきなことに思《おも》えてきませんか。

# 体《からだ》を守《まも》る仕組《しく》み

さあ、深《しん》こきゅうをしてみましょう。

今《いま》、なにをすいこみましたか。たいていの人《ひと》は、空気《くうき》と答《こた》えたでしょう。もちろん、それで正解《せいかい》です。でも、空気中《くうきちゅう》には、目《め》に見《み》えないものがたくさんただよっていて、それもいっしょにすいこまれます。その中《なか》には、病気《びょうき》の原因《げんいん》になる微生《びせい》物《ぶつ》もいます。このような微生物《びせいぶつ》は、手《て》にもたくさん付《つ》いていて、それが口《くち》を通《とお》して体《からだ》に入《はい》ってくることもあります。

わたしたちの体《からだ》は、だいたいセ氏《し》36度《ど》から37度《ど》ぐらいの温度《おんど》にたもたれています。また、体《からだ》の中《なか》には、水分《すいぶん》や栄養分《えいようぶん》があります。ですから、微生物《びせいぶつ》にとっては、とても住《す》みごこちがよく、増《ふ》えやすいところです。病気《びょうき》の原因《げんいん》になる微生物《びせいぶつ》が増《ふ》えたら大変《たいへん》ですね。

でも、安心《あんしん》してください。わたしたちの体《からだ》には、自分《じぶん》で自分《じぶん》を守《まも》るための仕組《しく》みがあるのです。

まず、体《からだ》をおおっている皮《ひ》ふです。きずでもないかぎり、微生物《びせいぶつ》は、皮《ひ》ふを通《とお》して体《からだ》の中《なか》に入《はい》ることはありません。それだけでなく、皮《ひ》ふが老化《ろうか》し、あかになって落《お》ちるとき、微生物《びせいぶつ》も落《お》ちてしまいます。

それから、なみだも、目《め》から入《はい》ろうとする微生物《びせいぶつ》を流《なが》してしまいます。しかも、なみだは、微生物《びせいぶつ》を殺《ころ》すはたらきもします。

これらとともにだいじなのは、のどのおくに生《は》えているせん毛《もう》です。せん毛《もう》は、鼻《はな》や口《くち》から入《はい》ってきた微生物《びせいぶつ》を、外《そと》へ外《そと》へとおし出《だ》す役目《やくめ》をしているからです。

このほかにも、わたしたちの体《からだ》には、自分《じぶん》を守《まも》るための、たくさんの仕組《しく》みがあります。しかし、それにもかかわらず、微生物《びせいぶつ》が、体《からだ》の中《なか》に入《はい》りこんでくることがあります。

そんなときにそなえて、体《からだ》の中《なか》にも、微生物《びせいぶつ》と戦《たたか》うすばらしい仕組《しく》みができています。

入《はい》りこんだ微生物《びせいぶつ》が増《ふ》えて、毒《どく》を出《だ》し始《はじ》めると、まず、血《ち》の中《なか》にある小《ちい》さな白血球《はっけっきゅう》が、その付近《ふきん》に引《ひ》き付《つ》けられていき、微生物《びせいぶつ》を食《た》べ始《はじ》めます。食《た》べつくせないときには、今度《こんど》は、大《おお》きな白血球《はっけっきゅう》がはたらきだします。大《おお》きな白血球《はっけっきゅう》は、やわらかい角《つの》のようなものを出《だ》して、微生物《びせいぶつ》をつかまえます。

この白血球《はっけっきゅう》は、はたらきながら助《たす》けを求《もと》めるので、

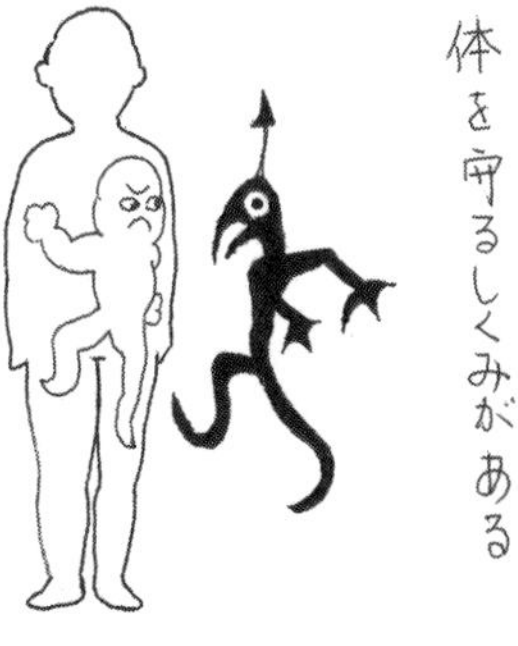

新《あたら》しい白血球《はっけっきゅう》がどんどんつくられます。同時《どうじ》に、高《たか》い熱《ねつ》が出《で》ます。熱《ねつ》は、微生物《びせいぶつ》の活動《かつどう》を弱《よわ》めます。高《たか》い熱《ねつ》が出《で》たときは、体《からだ》の中《なか》の戦《たたか》いが、かなりきびしいときなのです。ですから、そういうときは、体《からだ》を休《やす》めたり、薬《くすり》を飲《の》んだりして、白血《はっけっ》球《きゅう》をおうえんしてやりましょう。

楽《たの》しく遊《あそ》んでいるときも、こうして勉強《べんきょう》しているときも、ねているときでさえも、わたしたちの体《からだ》では、たえず自分《じぶん》を守《まも》るための仕組《しく》みがはたらき続《つづ》けています。ときどき、体《からだ》にごくろうさまといってあげたいですね。

# 思《おも》い切《き》り生《い》きることは、ともに生《い》きること

わたしの家《いえ》の台所《だいどころ》に、よくアリがやってきます。近《ちか》くにアリの巣《す》があるのでしょう。近《ちか》くといっても庭《にわ》までは5メートル以上《いじょう》あるので、アリにとってはそんなに短《みじか》い距離《きょり》ではありません。えさを探《さが》してどれほど歩《ある》き回《まわ》るのかなあと思《おも》います。

先日《せんじつ》は、シラス干《ぼ》しが数匹《すうひき》こぼれているのを見《み》つけて運《はこ》んでいました。アリとシラス干《ぼ》し。ちょうどおなじくらいの大《おお》きさです。わたしに自分《じぶん》とおなじ大《おお》きさの荷物《にもつ》をどこまで運《はこ》べるかなと考《かんが》えたら、アリの力《ちから》には感心《かんしん》します。

わたしの家《いえ》の庭《にわ》には、ニホンミツバチの巣《す》があります。六角形《ろっかくけい》のきれいな巣《す》を

つくって、たくさんの子《こ》どもたちを育《そだ》て、見事《みごと》な社会《しゃかい》をつくっているのです。毎《まい》日《にち》せっせと蜜《みつ》や花粉《かふん》を集《あつ》めています。特《とく》に、花粉《かふん》を小《ちい》さなお団子《だんご》にして、腰《こし》のところに付《つ》けて巣《す》に帰《かえ》ってくるところは、ちょっとおしゃれに見《み》えてかわいいのでよく眺《なが》めています。

ときどきミツバチをスズメバチが襲《おそ》ってきます。ミツバチにくらべたら10倍《ばい》以《い》上《じょう》もある大《おお》きなこのハチは肉食《にくしょく》で、ミツバチを食《た》べてしまいます。けれど、ミツバチも負《ま》けてはいません。たくさんのミツバチがスズメバチを囲《かこ》み、殺《ころ》してしまいます。

このように、身近《みぢか》な生《い》きものたちを見《み》ていると、それぞれが思《おも》いがけないほどの能力《のうりょく》をもっていることに驚《おどろ》きますし、一《ひと》つ一《ひと》つの生《い》きものがいっしょうけんめい生《い》きているのに感心《かんしん》します。

地球上《ちきゅうじょう》には、本当《ほんとう》にさまざまな生《い》きものがいますが、どれ一《ひと》つとっても、自《じ》分《ぶん》がもっている力《ちから》を思《おも》い切《き》り使《つか》っていないものはありません。アリにしてもハチにしても、自分《じぶん》でえさを見《み》つけられなければ死《し》んでしまいますし、えさはいつでもあるわけではありません。テレビで、野生動物《やせいどうぶつ》の生活《せいかつ》を撮影《さつえい》した番組《ばんぐみ》を見《み》たことがあると思《おも》いますが、ライオンもチータも獲物《えもの》をとるのはなかなか大変《たいへん》ですよね。こうして、食《た》べものを手《て》に入《い》れたり、子《こ》どもを育《そだ》てたりと、みんな生《い》きるのに全力《ぜんりょく》を尽《つ》くしています。

ということは、あまりほかの生《い》きもののことを考《かんが》えている余裕《よゆう》はないということでもあります。えさになる生《い》きものをかわいそうだと思《おも》っていたら自分《じぶん》が飢《う》えてしまいますし、子《こ》どもに食《た》べさせるものがなくなります。でも、その結果《けっか》強《つよ》い生《い》きものだけになってしまうかというと、そんなことはありません。ウサギやネズミのような小《ちい》さな動物《どうぶつ》だって、たくましく生《い》きています。小《ちい》さな動物《どうぶつ》がいなくなったら、大《おお》きな動物《どうぶつ》は生《い》きていけません。
そうなのです。生《い》きものの世界《せかい》は、一《ひと》つ一《ひと》つの生《い》きものがいっしょうけんめい生《い》きているのだけれど、その中《なか》のどれかだけが生《い》き残《のこ》り、ほかは滅《ほろ》びてしまうということはありません。みんながともに生《い》きているからこそ、生《い》きものの世界《せかい》があるのです。

さて、そこでわたしたち人間《にんげん》のことを考《かんが》えてみましょう。わたしたちも生《い》きものです。ですから、自分《じぶん》の力《ちから》を思《おも》い切《き》り使《つか》っていっしょうけんめい生《い》きることがだいじです。ただ、人間《にんげん》の場合《ばあい》、ほかの生《い》きものはもっていない技術《ぎじゅつ》を開発《かいはつ》する能力《のうりょく》があり、自分《じぶん》の力《ちから》ではできないことができるようになりました。自分《じぶん》で物《もの》を運《はこ》ぶ力《ちから》はアリに負《ま》けるけれど、自動車《じどうしゃ》が使《つか》えます。クレーンを使《つか》えば高層《こうそう》ビルが建《た》ち、ハチより家造《いえづく》りはじょうずだといばれます。

でも、このような能力《のうりょく》をあまり勝手《かって》に使《つか》いすぎると、ほかの生《い》きものたちとともに生《い》きることがむずかしくなる危険《きけん》があるのです。今《いま》、環境問題《かんきょうもんだい》が起《お》きているのはそのためですね。森林《しんりん》が少《すく》なくなったり、野生生物《やせいせいぶつ》が絶滅《ぜつめつ》したり……。

この先《さき》どうなるでしょう。わたしは、生《い》きものはみんながともに生《い》きているからこそ、それぞれの生《い》きものが生《い》きていけるのだといいました。ほかの生《い》きものが生《い》きにくければ、人間《にんげん》も生《い》きにくくなるのです。

みんな、自分《じぶん》のできること、やりたいことを思《おも》い切《き》りやりましょう。それが生《い》きるということなのですから。でも、ほかの人《ひと》やほかの生《い》きものを思《おも》い切《き》り生《い》きられるようにすることもだいじです。それが、ただ生《い》きるのでなく、よく生《い》きるということです。

## 「支《ささ》えあういのち」を尊《とうと》ぶ生《い》き方《かた》

### ――「生命誌《せいめいし》」からみたいのちの重《おも》み――

「わたしたちは生《い》きものです」――普通《ふつう》だったらここでいう「わたしたち」とは、この文《ぶん》を書《か》いているわたしやあなたを含《ふく》む人間《にんげん》をさすことになるでしょう。犬《いぬ》や猫《ねこ》がこれを読《よ》むことはないでしょうし、ましてや、台所《だいどころ》の隅《すみ》でゴキブリがフムフムとページを繰《く》るはずはありません。

なにをバカなことをいっているのだといわれそうですが、そうもいってはいられないことを、現代生物学《げんだいせいぶつがく》が明《あき》らかにしたのです。

地球上《ちきゅうじょう》には数千万種《すうせんまんしゅ》ともいわれる多種多様《たしゅたよう》な生《い》きものが暮《く》らしています。海《うみ》の中《なか》に棲《す》むもの、大空《おおぞら》を舞《ま》うもの……大《おお》きさも形《かたち》も暮《く》らし方《かた》もさまざまです。

ところが、生物学《せいぶつがく》の研究《けんきゅう》により、これほど多様《たよう》な生《い》きものが、すべて細胞《さいぼう》でできており、その中《なか》にあるDNA＊（生《い》きていることを支《ささ》える基本物質《きほんぶっしつ》）は、みなおなじはたらき方《かた》をしていることがわかりました。もちろん人間《にんげん》もそのような生《い》きものの一《ひと》つです。すべての生《い》きものが、偶然《ぐうぜん》おなじ物質《ぶっしつ》を基本《きほん》にしたとは考《かんが》えにくいので、これは地球上《ちきゅうじょう》の生《い》きものすべてが、共通《きょうつう》の祖先《そせん》から生《う》まれたなかまであることを意味《いみ》しているのだと考《かんが》えます。

＊ＤＮＡ（デオキシリボ核酸《かくさん》）は、遺伝子《いでんし》の本体《ほんたい》で、細胞中《さいぼうちゅう》に存在《そんざい》しています。

## すべての生《い》きものは「おなじなかま」

共通《きょうつう》の祖先《そせん》は38億年《おくねん》ほど前《まえ》の海《うみ》の中《なか》にはいたことがわかっていますので、どの生《い》きものも例外《れいがい》なく長《なが》い歴史《れきし》をもっています。わたしの専門《せんもん》である「生命誌《せいめいし》」は、すべての生《い》きものがもつ細胞《さいぼう》の中《なか》のＤＮＡ（ゲノム）に書《か》かれている歴史物語《れきしものがたり》を読《よ》みとることです。たとえば、あなたのＤＮＡは、両親《りょうしん》から受《う》け継《つ》いだものですし、両親《りょうしん》はそのまた両親《りょうしん》からＤＮＡを受《う》け継《つ》いでいます。……こうやってたどっていくと、生命誕生《せいめいたんじょう》のとき、つまり38億年《おくねん》ほど前《まえ》に戻《もど》ります。

実《じつ》は台所《だいどころ》のゴキブリもおなじ生命誕生《せいめいたんじょう》のときに戻《もど》ります。今《いま》ここにいる生《い》きものはみんな、38億年《おくねん》という歴史《れきし》を背負《せお》っており、その中《なか》で共通性《きょうつうせい》をもち、しかも一《ひと》つ一《ひと》つが特徴《とくちょう》をもちながら生《い》きている。それが生《い》きものの世界《せかい》です。

「わたしたちは生《い》きものです」といったときの「わたしたち」は、犬《いぬ》も猫《ねこ》もゴキブリも含《ふく》めて、「みんなおなじなかまだね」という意味《いみ》をもっています。これは科学《かがく》という現代《げんだい》の学問《がくもん》が明《あき》らかにした事柄《ことがら》ですが、実《じつ》は日本人《にほんじん》は古《ふる》くからある文化《ぶんか》の中《なか》で、自然《しぜん》の中《なか》で生《い》きることをだいじにして、「生《い》きものはみんなおなじなかまだね」という気持《きも》ちをもち続《つづ》けてきたのではないでしょうか。

## 「いのちの重《おも》み」を心《こころ》にきざむ

最近《さいきん》はＤＮＡという言葉《ことば》をよく聞《き》きますが、それはたいてい、生《い》きものの性質《せいしつ》や能力《のうりょく》を決《き》めているものとして使《つか》われているような気《き》がします。そうではなく、生命誌《せいめいし》からみたら、ＤＮＡは自分《じぶん》と現在《げんざい》いっしょに生《い》きているなかまたちとのつながりだけでなく、遠《とお》いむかしに生《い》きたなかまや未来《みらい》に生《い》きるであろうなかまとのつながりも教《おし》えてくれるものなのです。大《おお》きなつながりを実感《じっかん》させるものとしてＤＮＡを受《う》け止《と》めると、とても大《おお》らかな気持《きも》ちになり、大《おお》らかな存在《そんざい》になることができます。

ときどき、「なぜ生《い》きものを殺《ころ》してはいけないのだろう」と思《おも》うことがありませんか。困《こま》ったことにわたしたちは他《ほか》の生《い》きもののいのちをいただかずには、生《い》きていけないようになっていますから、きれいごとをいってすましてはいられません。決《けっ》して殺《ころ》してはいけないとはいえないのです。

でも、どんな生《い》きものにも38億年《おくねん》という長《なが》い歴史《れきし》があると思《おも》うだけで、その重《おも》みはわかるでしょう。いのちのたいせつさを考《かんが》えずにただ生命《せいめい》をないがしろにすることは、やってはいけないことです。たいせつと思《おも》いながらも生命《せいめい》を奪《うば》わずにすまされないのが生《い》きるということ。生《い》きるってとてもむずかしいことですね。

「DNAから大《おお》きなつながりとひろがりを感《かん》じて、生命《せいめい》を基本《きほん》に置《お》いて暮《く》らす社会《しゃかい》にしたい」。それが、生命誌研《せいめいしけん》究《きゅう》の求《もと》めていることです。

どんな生《い》きもののいのちもたいせつ

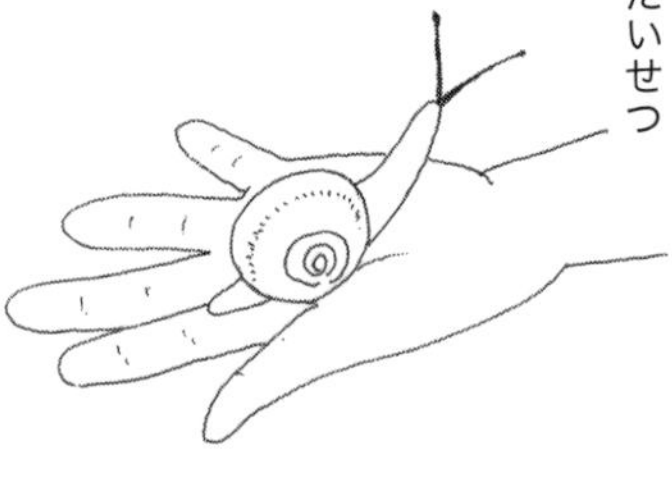

## “生《い》きている”をよく見《み》て考《かんが》えよう

大人《おとな》が「生命尊重《せいめいそんちょう》」といっているのを聞《き》いたことがあるでしょう。すばらしい言葉《ことば》です。だれもこれに反対《はんたい》する人《ひと》はいないでしょう。いのちをたいせつなものだと思《おも》わない人《ひと》はいないでしょう。それなのに、わたしたちが暮《く》らす社会《しゃかい》では、ほんとうにわたしたちはいのちをたいせつにしているのだろうかと疑《うたが》いたくなることがらがたくさん起《お》きています。

身近《みぢか》な人《ひと》のいのちを奪《うば》ったり、自《みずか》らのいのちを絶《た》ったりすることもけっして少《すく》なくありません。世界《せかい》に眼《め》を向《む》ければ、戦争《せんそう》でいのちを失《うしな》う人《ひと》が少《すく》なくありません。せっかく生《う》まれてきて、これから思《おも》い切《き》り生《い》きようとしている赤《あか》ちゃんが暮《く》らす家《いえ》に爆弾《ばくだん》を落《お》とすなんて、いのちをなんだと思《おも》っているのだろう、と腹《はら》が立《た》ちます。

「生命尊重《せいめいそんちょう》」というだけでは、なにも解決《かいけつ》しません。いったいどうすればいいのちをたいせつにしたことになるのか、そこから考《かんが》えなければなりません。いのちってなんなのだろう。それをたいせつにするってどういうことなのだろう。それが知《し》りたいものです。

ところが困《こま》ったことに、いのちとはなにかという問《と》いには答《こた》えがありません。あなたたちが、まだ知《し》らないのではなくて、だれにもわかっていないのです。むかしからおおぜいの人《ひと》が、いのちとはなにかということを考《かんが》えてきました。自分《じぶん》の考《かんが》えを本《ほん》に書《か》いた学者《がくしゃ》もたくさんいます。でも、これでだれもがなっとくするという答《こた》えはまだないのです。

実《じつ》は、いのちとはなんだろうということは、一人一人《ひとりひとり》が考《かんが》えてみることがだいじなのではないか。わたしはそう思《おも》っています。だれかに教《おし》えてもらうのではなく、自分《じぶん》で考《かんが》えるものなのだと思《おも》うのです。だから、あなたにも考《かんが》えてほしい。今《いま》さらそんなことといわれなくても、自分《じぶん》で考《かんが》えてるよ、という人《ひと》もいるでしょう。すばらしい。でも中《なか》には、そんなことといわれたって、なにをどう考《かんが》えたらよいかわからないという人《ひと》もいるかもしれません。そこで、参考《さんこう》にしてもらうために、わたしが考《かんが》えていることを書《か》いてみようと思《おも》います。

いのちといわれても、なんだかむずかしい。わたしもそう思《おも》いました。いのちはこういうものですと見《み》せられるものでもないし、どうしよう。あれこれ考《かんが》えているうちに、いのちは見《み》えないけれど〝生《い》きている〟は見《み》えるということに気《き》がついたのです。犬《いぬ》がしっぽを振《ふ》っている、アリがパンくずを運《はこ》んでいく、ユリの花《はな》が開《ひら》いた……。毎日《まいにち》わたしたちの身《み》の回《まわ》りで起《お》きているこれらのことはどれも〝生《い》きている〟です。もちろん、わたしも生《い》きています。人間《にんげん》も含《ふく》めてあらゆる生《い》きものが生《い》きているようすをよく見《み》つめ、生《い》きているってどういうことなのだろうと考《かんが》えてみよう、それがわたしの仕事《しごと》になりました。

生《い》きものを見《み》ていると、まず気《き》づくのは、なんていろいろいるんだろうということです。その生《い》き方《かた》もさまざまです。しかも、それを自分《じぶん》の眼《め》で見《み》ると、必《かなら》ず発見《はっけん》があるのがおもしろい。今朝《けさ》、花《はな》に水《みず》やりをするために庭《にわ》に出《で》たらとても立《りっ》体的《たいてき》な大《おお》きなクモの巣《す》がありました。まん中《なか》にいるのは、脚《あし》は、黒《くろ》と黄色《きいろ》の縞《しま》、体《からだ》には赤《あか》も見《み》えます。クモの巣《す》といえば、平《ひら》たい網《あみ》のようなものと思《おも》っていたのに、なんて複雑《ふくざつ》なマンションみたいな巣《す》だろう。早速調《さっそくしら》べてみたらジョロウグモとわかりました。また夕方見《ゆうがたみ》てみようと楽《たの》しみにしています。明日《あした》もまた新《あたら》しいものに出会《であ》えるかもしれません。

地球上《ちきゅうじょう》には数千万種《すうせんまんしゅ》もの生《い》きものがいて、それぞれ特徴《とくちょう》のある暮《く》らし方《かた》をしていますが、〝生《い》きている〟という点《てん》では共通《きょうつう》です。すべての生《い》きものに共通《きょうつう》なものはなにか。長《なが》い間《あいだ》探《さが》し続《つづ》けてきた人《ひと》びとは、今《いま》から百数十年前《ひゃくすうじゅうねんまえ》に、顕微鏡《けんびきょう》で見《み》ると、どの生物《せいぶつ》も細胞《さいぼう》でできていることを発見《はっけん》しました。その後《ご》、その中《なか》には必《かなら》ずDNAという物質《ぶっしつ》があり、それがそれぞれの性質《せいしつ》やはたらき方《かた》を決《き》めていることもわかりました。細《こま》かいことはここでは省《はぶ》きます。ただ、数千万種《すうせんまんしゅ》もある生《い》きものが、偶然《ぐうぜん》におなじものでできているとは考《かんが》えにくいですね。調《しら》べた結果《けっか》、38億年《おくねん》ほど前《まえ》に生《う》まれた細胞《さいぼう》が地球上《ちきゅうじょう》の全生物《ぜんせいぶつ》の祖先《そせん》と考《かんが》えられることがわかってきました。つまり、犬《いぬ》もアリもユリもわたしたち人間《にんげん》も祖先《そせん》を一《ひと》つにするなかまなのです。

この事実《じじつ》は、とてもたくさんのことを教《おし》えてくれます。まず、生《い》きものはどれも38億年《おくねん》という歴史《れきし》があったからこそ、ここにいるということです。あなたが今《いま》ここにいるのは両親《りょうしん》がいるから、そのまた両親《りょうしん》がいるからというふうにさかのぼっていくと、38億年《おくねん》のむかしに戻《もど》ります。もちろん犬《いぬ》もアリもユリも、生《い》きものすべてがおなじところに戻《もど》ります。生《い》きものを見《み》るときは、それを思《おも》ってください。

38億年《おくねん》。ふだん考《かんが》える、1時間《じかん》や1年《ねん》という時間《じかん》の長《なが》さにくらべたらなんと長《なが》い時間《じかん》でしょう。でも、あなたの眼《め》の前《まえ》を歩《ある》いている小《ちい》さなアリも、38億年《おくねん》という時間《じかん》を体《からだ》の中《なか》にもっているのです。生《い》きているってすごいことだと思《おも》いませんか。この長《なが》い時間《じかん》のつながりを思《おも》い浮《う》かべることが生《い》きていることをだいじにしようという気持《きも》ちを生《う》み出《だ》していくのではないか、わたしはそう思《おも》っています。

これはまた、もう一《ひと》つのつながりも教《おし》えてくれます。前《まえ》にも書《か》きましたが、祖《そ》先《せん》は一《ひと》つですから、生《い》きものはみんななかまです。かわいがっているペットならなかまと思《おも》っているかもしれませんが、ミミズやキノコをなかまとはあまり思《おも》っていないでしょう。こんなにちがっているのになかまなのですよ。なかまなのにそれぞれ形《かたち》も暮《く》らし方《かた》もちがっている。そこが生《い》きもののおもしろいところです。長《なが》い長《なが》い時間《じかん》、地球上《ちきゅうじょう》にいるすべての生《い》きもの、このような大《おお》きな広《ひろ》がりの中《なか》でつながっているのが、生《い》きものの特徴《とくちょう》です。いのちをたいせつにするということは、このつながりをたいせつにすることと考《かんが》えてよいと思《おも》います。どんな小《ちい》さな生《い》きものも、遠《とお》くに暮《く》らしているよその国《くに》の人《ひと》たちも、みんな自分《じぶん》とつながっているという気持《きも》ちがもてたら、学校《がっこう》でいっしょに生活《せいかつ》している先生《せんせい》や友《とも》だちとはもっと強《つよ》いつながりを感《かん》じることができるでしょう。

でも、ちょっと断《ことわ》っておかなければならないことがあります。生《い》きものはすべて、いつかいのちを失《うしな》うものでもあるということです。それだけでなく食事《しょくじ》をすると、必《かなら》ずほかの生《い》きもののいのちをいただくことになります。たいせつにするといいながら、いのちあるものを食《た》べなければ生《い》きていけないのです。複雑《ふくざつ》ですね。食《た》べないわけにはいきませんから、いただきます、といって、いのちのつながりを感《かん》じながらていねいに食《た》べることがだいじでしょう。

生《い》きているということはこのように、とてもすばらしいことでありながら、めんどうなことでもあります。だから、自分《じぶん》で考《かんが》え続《つづ》けていかなければならないのです。考《かんが》えると、なるほどと思《おも》うことが出《で》てきます。ぜひ自分《じぶん》でなるほどと思《おも》うことを探《さが》してください。そして生《い》きることをたいせつにしましょう。

# 学校《がっこう》の引力《いんりょく》

たまたま開《ひら》いた雑誌《ざっし》に、子《こ》どもの詩《し》が紹介《しょうかい》されていました。

今《いま》、女《おんな》の子《こ》の間《あいだ》で手紙《てがみ》の出《だ》しっこがはやっている。
朝学校《あさがっこう》へ着《つ》いたら「ハイッ」って手紙《てがみ》をもらった。
……
朝学校《あさがっこう》へ来《き》たら「ハイッ」で始《はじ》まるときは一日《いちにち》うれしい。

これを読《よ》んで、「そう、そうなんだよ」と一人《ひとり》でうなずきました。この子《こ》は、「今日《きょう》はだれが手紙《てがみ》をくれるかな」と思《おも》うと、朝《あさ》が待《ま》ち遠《どお》しく、心《こころ》はずませながら学校《がっこう》へ通《かよ》っているのでしょう。詩《し》の一行《いちぎょう》一行《いちぎょう》からその気持《きも》ちが伝《つた》わってきます。あなたもこんなことをやっていますか。

子《こ》どものころ、学校《がっこう》が大好《だいす》きでした。朝《あさ》は出《で》かけるというよりとび出《だ》したものです。そのとき頭《あたま》にあるのは、友《とも》だちのこと、そしてその日《ひ》の遊《あそ》びの計画《けいかく》です。これは中学生《ちゅうがくせい》になっても変《か》わりませんでした。太平洋戦争《たいへいようせんそう》のときの空襲《くうしゅう》でこわされてしまった建物《たてもの》を建《た》て直《なお》すお金《かね》もまだない貧《まず》しい時代《じだい》でしたから、わたしが通《かよ》う中学校《ちゅうがっこう》は小学校《しょうがっこう》に間借《まが》りをしていました。校庭《こうてい》は共用《きょうよう》、当然《とうぜん》自由《じゆう》になるスペースはとても狭《せま》いものでした。その中《なか》で工夫《くふう》した遊《あそ》びの一《ひと》つが縄《なわ》とびです。ほとんど一《ひと》クラス全員《ぜんいん》が1本《ぽん》の縄《なわ》で遊《あそ》びます。二人《ふたり》が回《まわ》す縄《なわ》をズラーッと並《なら》んで順《じゅん》ぐりに跳《と》んでいくのですが、先頭《せんとう》の人《ひと》は最後《さいご》の人《ひと》が跳《と》ぶまでに帰《かえ》って来《こ》られる距離《きょり》を見計《みはか》らって駈《か》け出《だ》します。それに続《つづ》くなかまは、懸命《けんめい》に前《まえ》を追《お》います。プールを一《ひと》まわりしたり、校門《こうもん》の柱《はしら》に触《さわ》ってきたり。先頭《せんとう》の人《ひと》が足《あし》に自信《じしん》のある男《おとこ》の子《こ》だったりすると、校舎《こうしゃ》の端《はし》の階段《かいだん》を屋上《おくじょう》まで駈《か》け上《あ》がるのです。うっかり遅《おく》れたら縄《なわ》を持《も》たなければならないので、必死《ひっし》に走《はし》るものですから5分《ふん》もすれば汗《あせ》だくです。こんな単《たん》純《じゅん》な遊《あそ》びでも夢中《むちゅう》になれば、一刻《いっこく》も早《はや》く学校《がっこう》へ着《つ》いて、よい場所《ばしょ》をとろうということになり、朝早《あさはや》く家《いえ》をとび出《だ》すのでした。

「学校《がっこう》ってなに」と聞《き》けば、3歳《さい》の子《こ》どもだって「勉《べん》強《きょう》するところ」と答《こた》えるでしょう。そうにちがいありません。先生《せんせい》がいらして、教室《きょうしつ》があって、国語《こくご》、算数《さんすう》、理《り》

科《か》……を学《まな》ぶところです。でも、学校《がっこう》へ行《い》くとき、今日《きょう》は国語《こくご》をしっかりやろう、算数《さんすう》でがんばろうと思《おも》っている子《こ》っているのかな。友《とも》だちあての手紙《てがみ》をだいじに抱《かか》えたり、遊《あそ》びの計画《けいかく》を練《ね》りながら出《で》かけるのだと思《おも》います。念《ねん》のため、周囲《しゅうい》の人《ひと》たちに尋《たず》ねたら、やはりわたしとおなじだったという人《ひと》がほとんどでした。どんな年齢《ねんれい》の人《ひと》に聞《き》いても、学校《がっこう》の引力《いんりょく》の素《もと》は変《か》わらないようです。

このごろの学校《がっこう》が少《すこ》しおかしいのは（うちの子《こ》どもの通《かよ》う中学《ちゅうがく》でも、ときどき問題《もんだい》が起《お》きて、父兄《ふけい》が集《あつ》まります）、この子《こ》どもたちの本音《ほんね》をだいじにしなくなったからではないかしら。学校《がっこう》は勉強《べんきょう》の場所《ばしょ》、という建前《たてまえ》を押《お》しつけているように思《おも》います。遊《あそ》びにひかれて学校《がっこう》へ行《い》ってみると、勉強《べんきょう》もなかなか楽《たの》しいものとわかってくる、遊《あそ》びとおなじ精神《せいしん》が勉強《べんきょう》にまで広《ひろ》がる、それが学校《がっこう》だと思《おも》うのですけれど。手紙《てがみ》「ハイッ」で始《はじ》まる一日《いちにち》は、勉強《べんきょう》も楽《たの》しいにちがいありません。みんなが本音《ほんね》で暮《く》らせる学校《がっこう》がいいなと思《おも》います。

# 2 「いのち」って？

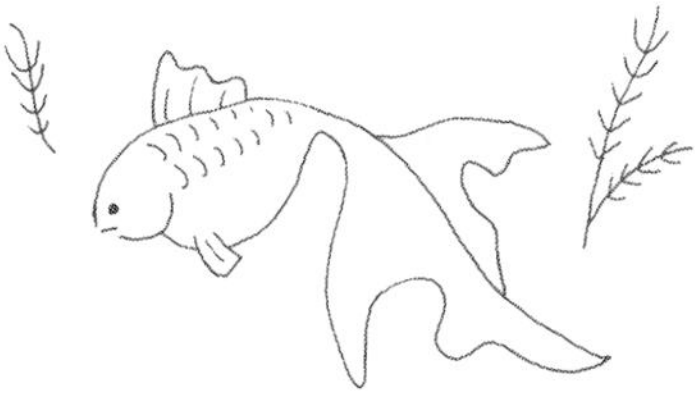

# 「いのち」ってなに

## 〝いのち〟とはなにか——生《い》きるということ

えんぴつとはなにか（今《いま》わたしは、えんぴつでこの文章《ぶんしょう》を書《か》いているのでえんぴつを例《れい》にあげましたが、これはなんでもよいのです）。

こう聞《き》かれたら、辞書《じしょ》に書《か》いてあるように、「黒鉛《こくえん》と粘土《ねんど》の粉末《ふんまつ》の混合物《こんごうぶつ》を高《こう》熱《ねつ》で焼《や》いてつくった芯《しん》に、木《き》の軸《じく》をはめてつくる筆記用具《ひっきようぐ》」などというより、「これだよ」と実物《じつぶつ》を見《み》せるほうが早《はや》いですね。初《はじ》めてえんぴつを見《み》た人《ひと》には、書《か》き方《かた》や削《けず》り方《かた》を教《おし》えてあげることもたいせつでしょう。

それでは、〝いのちとはなにか〟と聞《き》かれたら、どうしたらよいでしょう。「これだよ」といって見《み》せることができるでしょうか。いのちはどこにあるのでしょう。実《じつ》は、改《あらた》めて〝いのちとはなにか〟などと聞《き》かれなければ、なんとなくそれがどこにあるかはだれでも知《し》っています。そう、生《い》きものがいれば、いのちはある。そう思《おも》っていますね。

わたしたちの祖先《そせん》は、食《た》べものを手《て》に入《い》れるために狩《か》りをしました。すばやく走《はし》っていくシカに矢《や》じりを投《な》げ、命中《めいちゅう》すればバッタリたおれます。もう動《うご》かない。近寄《ちかよ》って見《み》ると、大《おお》きさも形《かたち》も元《もと》のままです。でもさっきまで〝生《い》きている状《じょう》態《たい》〟にあったシカが〝生《い》きていない状態《じょうたい》（別《べつ》のいい方《かた》をするなら死《し》んだ状態《じょうたい》）〟になっているのがわかります。〝生《い》きているとき〟と〝生《い》きていないとき（死《し》んだとき)〟ではどこがちがうんだろう。むかしの人《ひと》は、〝生《い》きているときには、いのちがあったのに、死《し》んだらそれがどこかへ消《き》えてしまった〟と考《かんが》えました。いったい〝それ〟がなにかは、よくわからないのですけれど。

とにかく、〝いのち〟を知《し》るには、生《い》きものを調《しら》べてみればよいということはわかります。そこで、人間《にんげん》の体《からだ》のはたらきを調《しら》べる研究《けんきゅう》が進《すす》みました、その中《なか》で、17世紀《せいき》の医師《いし》、ウィリアム・ハーヴェーが、心臓《しんぞう》というポンプが送《おく》り出《だ》した血液《けつえき》が動脈《どうみゃく》を通《とお》って体《からだ》じゅうを回《まわ》ったあと、静脈《じょうみゃく》を通《とお》ってまた心臓《しんぞう》に返《かえ》ってくるということを見《み》つけました。血液循環論《けつえきじゅんかんろん》といわれます。なんだか自動車《じどうしゃ》のエンジンのような感《かん》じがしませんか。

いっぽうで、体《からだ》をつくっている部品《ぶひん》、たとえば筋肉《きんにく》や皮膚《ひふ》なども調《しら》べられました。こうして、人間《にんげん》の体《からだ》も、機械《きかい》のように、部品《ぶひん》があり、それぞれがはたらくことで〝生《い》きている〟のだという考《かんが》え方《かた》が強《つよ》くなってきました。哲学者《てつがくしゃ》のルネ・デカルトがハーヴェーの研究《けんきゅう》に注目《ちゅうもく》して、人間《にんげん》を含《ふく》む動物《どうぶつ》を機械《きかい》と考《かんが》えてもよいという考《かんが》え方《かた》を出《だ》しました。

えっ、人間《にんげん》って機械《きかい》なの？　デカルトのころは、とても精巧《せいこう》な機械《きかい》の代表《だいひょう》は時《と》計《けい》でした。そこで、時計《とけい》と人間《にんげん》をくらべて考《かんが》えてみたのです。コチコチ正確《せいかく》に動《うご》くところは似《に》ているようでもあり、似《に》ていないようでもありますね。たしかに人《にん》間《げん》の体《からだ》は機械《きかい》のように動《うご》いていると考《かんが》えられる面《めん》もあるけれど、わたしたちには〝心《こころ》〟がある。ここは機械《きかい》とちがう点《てん》ではないだろうか、デカルトはもちろん、多《おお》くの人《ひと》がいだいた疑問《ぎもん》です。

ここで、科学《かがく》が登場《とうじょう》します。そして、科学《かがく》（生《い》きものについて考《かんが》える科学《かがく》を生《せい》物学《ぶつがく》といいます）では、「いのちとか心《こころ》とか呼《よ》ぶべきものはあるのだろうけれど、それは、ここにいのちがありますよとか、心《こころ》がありますよといって特別《とくべつ》にとり出《だ》せるものではなく、生《い》きものが生《い》きていることといっしょにある。いのちについて知《し》りたかったら、生《い》きものってなんだろう、生《い》きているってどういうことだろうという問題《もんだい》を考《かんが》える必要《ひつよう》がある」という立場《たちば》から研究《けんきゅう》が続《つづ》けられています。もちろん科学《かがく》だけが正《ただ》しいものの見方《みかた》とはいえません。でも、17世紀《せいき》以来《いらい》、科《か》学《がく》は次《つぎ》つぎと新《あたら》しい発見《はっけん》をし、新《あたら》しいものの見方《みかた》を出《だ》してきました。

そして現在《げんざい》は、科学《かがく》の成果《せいか》を利用《りよう》した科学技術《かがくぎじゅつ》が生活《せいかつ》の中《なか》に入《はい》りこんでいます。それだけでなく、科学技術《かがくぎじゅつ》はわたしたちの暮《く》らし方《かた》や考《かんが》え方《かた》をきめるようにさえなっています。携帯電《けいたいでん》話《わ》はとても便利《べんり》ですが、メールだと面《めん》と向《む》かってはいえないこともいえてしまうために、人間関係《にんげんかんけい》がこじれたという話《はなし》も聞《き》きます。

科学技術《かがくぎじゅつ》は人間《にんげん》がつくったもののはずなのに、なんだか人間《にんげん》のほうがふりまわされてしまうのは困《こま》っ

ケータイにのっとられていませんか

たことです。携帯電話《けいたいでんわ》のむこうにいる友《とも》だちの姿《すがた》が見《み》えなくなっているのではありませんか。現代社会《げんだいしゃかい》で、いのち、つまり生《い》きることを考《かんが》えるとこのような問題《もんだい》も出《で》てきます。ですから、科学技術《かがくぎじゅつ》の基盤《きばん》になっている科学《かがく》が、生《い》きることをどのようにとらえているかと考《かんが》えるのはだいじです。

まず、機械《きかい》と生《い》きものがちがうところを見《み》ていきましょう。有名《ゆうめい》な物理学者《ぶつりがくしゃ》であるハイゼンベルグがおもしろい例《れい》をあげています。彼《かれ》はそのとき、船《ふね》に乗《の》っていました。「もし今《いま》、この船《ふね》とクジラがぶつかって、船《ふね》の一部《いちぶ》がこわれ、クジラもけがをしたとしよう。船《ふね》はだれかがなおさなければならないけれど、クジラの傷《きず》は自然《しぜん》になおってしまう」。機械《きかい》はだれかが設計《せっけい》をし、部品《ぶひん》を集《あつ》めてつくるのですが、生《い》きものは生《う》まれて、だんだん育《そだ》っていくものです。途中《とちゅうしょうしょう》で少々のけががあっても、自分《じぶん》でなおします。

わたしたちは、両親《りょうしん》がいるからこそ生《う》まれたのであって、なにもないところから出《で》てきたのではありません。蚊《か》やハエなどはわいてくるといって、きたないものがあるとそこから出《で》てきたと考《かんが》えていた時代《じだい》もありました。けれども、19世紀《せいき》にフランスのパスツールが、消毒《しょうどく》をした肉汁《にくじゅう》に外《そと》からバクテリアが入《はい》らない工夫《くふう》をしたら、なん日《にち》たっても腐《くさ》らない、つまり腐《くさ》る原因《げんいん》になるバクテリアは生《う》まれてこないことを証明《しょうめい》しました。〝生《い》きものは生《い》きものからしか生《う》まれない〟(ここで必《かなら》ず、では最初《さいしょ》の生《い》きものはどうして生《う》まれたのかという問《と》いが出《で》ます。これについてはあとで述《の》べましょう)。少《すく》なくとも、今《いま》わたしたちの身《み》のまわりにいる生《い》きものについては、生《い》きものは生《い》きものからしか生《う》まれないという決《き》まりが成《な》り立《た》ちます。

あなたももちろん生《い》きものです。あなたはだれかがつくったものではなく、生《い》きものとして生《う》まれ、自分《じぶん》で生《い》きていく存在《そんざい》です。これを少《すこ》しむずかしい言葉《ことば》では〝自律《じりつ》〟といいます。生《い》きるということは、だれかに動《うご》かされるのではなく、自分《じぶん》で自分《じぶん》をつくっていくことなのです。こうして生《い》きていくとき、あなたの〝いのちをたいせつにしている〟といってよいでしょう。このときだいじなことは、他《ほか》の人《ひと》、それだけでなくすべての生《い》きものは自律《じりつ》して生《い》きているのであり、それもたいせつにしなければならないということです。

## いのちには歴史《れきし》がある――たった一《ひと》つの存在《そんざい》

〝いのちとはこういうものです〟といって取《と》り出《だ》すことはできないけれど、生《い》きていればいのちがあることは明《あき》らかなので、いのちを知《し》るために生《い》きるということを考《かんが》えることにしました。

あなたは生《い》きている、つまり生《い》きものです。だから生《い》きものからしか生《う》まれないのですといいました。あなたには必《かなら》ず両親《りょうしん》があり、お母《かあ》さんから生《う》まれました。これを少《すこ》し科学《かがく》的《てき》に説明《せつめい》するなら、父親《ちちおや》の精子《せいし》と母親《ははおや》の卵子《らんし》が合《がっ》体《たい》して生《う》まれた受精卵《じゅせいらん》があなたの出発点《しゅっぱつてん》です。受《じゅ》精卵《せいらん》は、一《ひと》つの細胞《さいぼう》です。この中《なか》には必《かなら》ずＤＮＡ（生《い》きていくために必要《ひつよう》な基本《きほん》情報《じょうほう》を担《にな》う生体物《せいたいぶっ》質《しつ》。全体《ぜんたい》としてゲノムと呼《よ》びます）が入《はい》っています。受精卵《じゅせいらん》という一《ひと》つの細胞《さいぼう》がお母《かあ》さんの子宮《しきゅう》の中《なか》で分裂《ぶんれつ》をくり返《かえ》し、あなたの体《からだ》ができたのです。

あなたの体《からだ》は両親《りょうしん》から受《う》け継《つ》いだ細胞《さいぼう》でできています。今《いま》、ここにいるあなたの体《からだ》をつくっているのもその細胞《さいぼう》、つまりあなたは一生《いっしょう》のあいだ、

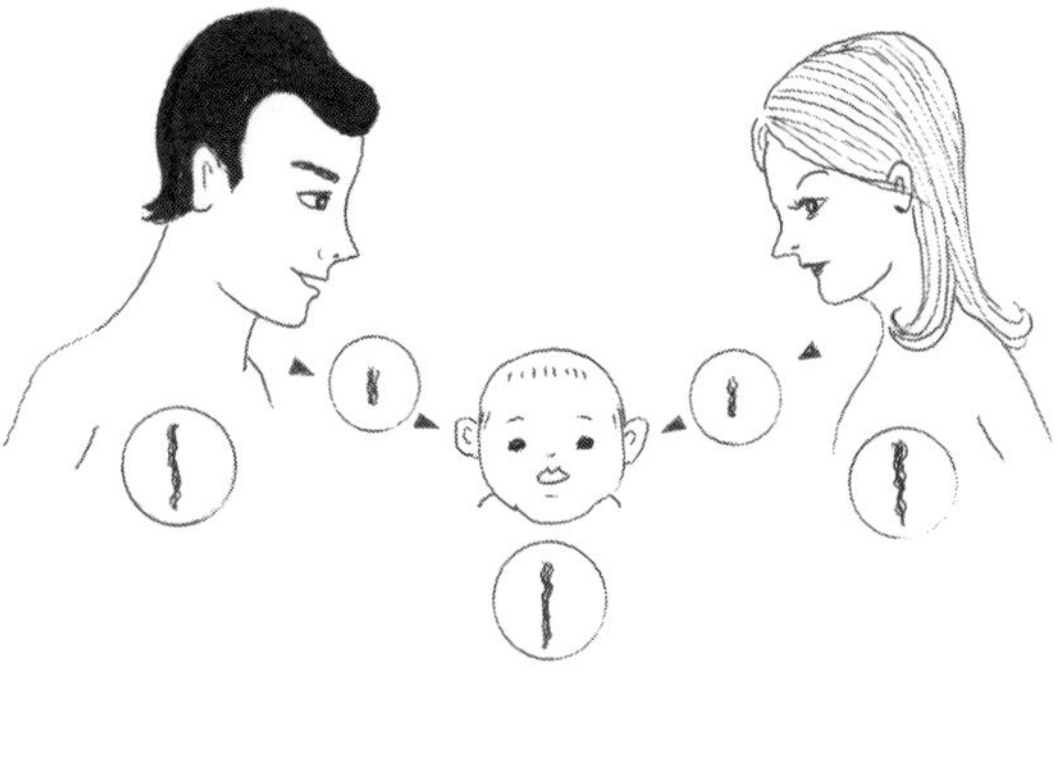

両親《りょうしん》から受《う》け継《つ》いだ細胞《さいぼう》を基本《きほん》にして、生《い》きていきます。ここでたいせつなことは、あなたはお父《とう》さんともお母《かあ》さんとも完全《かんぜん》におなじではない、ということです。両親《りょうしん》のDNAを受《う》けとり、両親《りょうしん》の性質《せいしつ》を受《う》け継《つ》いではいるけれど、二人《ふたり》から受《う》け継《つ》いだものが半分《はんぶん》ずつ組《く》み合《あ》わさった新《あたら》しいDNA（ゲノム）が生《う》まれたのであり、あなたの細胞《さいぼう》の中《なか》にあるDNA（ゲノム）とおなじものは他《ほか》にはない、ということです。

たった一《ひと》つの存在《そんざい》、これまで何十億人《なんじゅうおくにん》という人間《にんげん》がこの世《よ》に生《う》まれてきましたが、その中《なか》に一人《ひとり》としておなじ人《ひと》はいません。おなじ両親《りょうしん》から生《う》まれた兄弟姉《きょうだいし》妹《まい》でも受《う》け継《つ》ぐところが少《すこ》しずつちがうので、けっしておなじにはなりません。これも機械《きかい》とちがうところですね。テレビでも自動車《じどうしゃ》でも、おなじものが大量《たいりょう》に生産《せいさん》されます。むしろおなじでなければ困《こま》ります。でも、生《い》きものはみんなちがいます。ちがうところに意味《いみ》があるのです。たった一《ひと》つしかない存在《そんざい》ばかり、でもまったくちがうのではなく、同《おな》じところもある。そこが生《い》きもののおもしろいところです。

ところで、あなたは両親《りょうしん》が存在《そんざい》したから生《う》まれてきたのですが、では両親《りょうしん》はどうしてこの世《よ》に存在《そんざい》したのでしょう。もちろん、それぞれに両親《りょうしん》が存在《そんざい》したからです。こうして、祖先《そせん》へとたどっていくと、日本人《にほんじん》の始《はじ》まりが見《み》えてきます。では、日本人《にほんじん》はどこから来《き》たのでしょう。生物学者《せいぶつがくしゃ》がさまざまな国《くに》の人《ひと》のDNA（ゲノム）をくらべたところ、そのバラつき方《かた》に、どこに暮《く》らしている人《ひと》でも一定《いってい》のパターンがあるということがわかりました。今《いま》、地球上《ちきゅうじょう》に暮《く》らす人《ひと》は、祖先《そせん》をおなじくするなかまであることがわかったのです。人類《じんるい》の祖先《そせん》はアフリカで生《う》まれたこともわかってきました。では、そのまた祖先《そせん》はどんな生《い》きものでどこにいたのでしょう。アフリカで化石《かせき》を探《さが》すしかありませんが、まだそれは見《み》つかっていません。

ただ、現存《げんそん》する生《い》きものの中《なか》で人間《にんげん》のなかまとされるのは、チンパンジーなどの霊長類《れいちょうるい》ですし、さらにさかのぼればほ乳類《にゅうるい》、そして骨《ほね》のあるなかまになります。その祖先《そせん》は海《うみ》の中《なか》の魚《さかな》です。こうしてわたしたちの祖先《そせん》は、38億年《おくねん》ほど前《まえ》に海《うみ》の中《なか》で生《う》まれた一《ひと》つの細胞《さいぼう》だったということになります。

実《じつ》は、地球上《ちきゅうじょう》には数千万種《すうせんまんしゅ》といわれるさまざまな生《い》きものが暮《く》らしていると考《かん》えられるのですが、そのすべてが細胞《さいぼう》でできており、その中《なか》にはDNA（ゲノム）があります。これが偶然《ぐうぜん》とは考《かん》えにくいので、生物学者《せいぶつがくしゃ》は、今地球上《いまちきゅうじょう》にいる生《い》きものはみな、祖先《そせん》を一《ひと》つにするなかまだと考《かんが》えています。

事実《じじつ》、たとえばバクテリアとハエと植物《しょくぶつ》とヒトという、見《み》かけも暮《く》らし方《かた》もまったく異《こと》なる生《い》きものがもつDNA（ゲノム）をくらべると、とてもよく似《に》た構造《こうぞう》とはたらきをしていることがわかりました。

あなたが今《いま》ここにいるのは、38億年前《おくねんまえ》から続《つづ》いてきた生《い》きものの歴史《れきし》があるからなのです。その間《あいだ》に、たくさんの生《い》きものたちがいっしょうけんめいに生《い》き、次《つぎ》の世代《せだい》にいのちをつなげてくれたからこそ、あなたがいるのです。生《い》きものたちの姿形《すがたかたち》や生《い》き方《かた》はさまざまですし、38億年《おくねん》の間《あいだ》には地球《ちきゅう》のようすもずいぶん変《へん》化《か》しました。あるときには地球《ちきゅう》の表面全体《ひょうめんぜんたい》が凍《こお》ったことさえあったことがわかっています。それでもなんとか生《い》きてきたのが生《い》きものです。38億年《おくねん》の間《あいだ》、一度《いちど》もいのちが絶《た》えてしまうことはありませんでした。もし、途中《とちゅう》の生《い》きものたちが、生《い》きるのなんてめんどうだといって、苦労《くろう》しながら生《い》きることを続《つづ》けなかったら、今《いま》のあなたはありません。あなたが今《いま》ここで生《い》きているのはたくさんの生《い》きものたちのおかげです。

このように、あなたは38億年《おくねん》という歴史《れきし》あっての存在《そんざい》なのです。あなたの体《からだ》の中《なか》には38億年《おくねん》というとんでもなく長《なが》い時間《じかん》が入《はい》っているのです。このような研《けん》究《きゅう》をするのがわたしが専門《せんもん》とする学問《がくもん》、生命誌《せいめいし》です。もちろん、38億年《おくねん》の歴史《れきし》をもっているのはあなただけではありません。あらゆるヒト、いや人間《にんげん》だけでなく、バクテリアもアリもゾウもすべての生《い》きものは、38億年《おくねん》の歴史《れきし》を体内《たいない》にもって生《い》きているのです。この長《なが》い時間《じかん》を共有《きょうゆう》しているなかまたちだと思《おも》ってすべての生《い》きものを見《み》ると、とても近《ちか》いもの、とてもたいせつなものに思《おも》えてくると思《おも》うのですが、どうでしょう。

地面《じめん》を歩《ある》いているアリをじっと見《み》てください。このアリの中《なか》にも38億年《おくねん》の時間《じかん》をかけて生《う》まれてきたいのちがあるのだと思《おも》いながら。自分《じぶん》の体《からだ》よりも大《おお》きな食《た》べものを巣《す》まで運《はこ》んでいるのを見《み》てすごいなと思《おも》いながらも、うっかりふんでしまうこともありますね。お砂糖《さとう》つぼに入《はい》りこんでくるアリはつぶしますね。でも、小《ちい》さな存在《そんざい》だからといって、むやみに殺《ころ》したりしてはいけません。それはなぜなのだろうと理屈《りくつ》で考《かんが》えても、なかなか答《こた》えは出《で》てきません。そのとき、ここで考《かんが》えてきた長《なが》い時間《じかん》のことを思《おも》ってください。そうすると、生《い》きていることの重《おも》みが感《かん》じられませんか。もちろん、いのちのたいせつさは、ただ長《なが》い時《じ》間《かん》をかけたということだけではないでしょう。それも考《かんが》えていきたいことですが、少《すく》なくともこのことだけからも、いのちはいいかげんにしてはいけないという答《こた》えは出《で》ます。

最後《さいご》につけ加《くわ》えましょう。生《い》きものは生《い》きもののからしか生《う》まれない。でも最初《さいしょ》の生《い》きものは？　という問《と》いへの答《こた》えです。原始《げんし》の海《うみ》には生《い》きものの材料《ざいりょう》はすべて存在《そんざい》していただろうということはわかっています。でもそれがどのようにして細胞《さいぼう》になったのか。それはまだこれから解《と》いていかなければなりません。いのちはまだわからないことだらけなのです。

## いのちをつくり出《だ》すもの――時間《じかん》

あなたが今《いま》ここにいるためには、38億年《おくねん》という長《なが》い時間《じかん》をかけて、さまざまな生《い》きものがいっしょうけんめい生《い》きてきた歴史《れきし》が必要《ひつよう》だったということを見《み》てきました。

次《つぎ》に、あなたが生《う》まれてからの時間《じかん》のたいせつさを考《かんが》えます。あなたの始《はじ》まりは受精卵《じゅせいらん》です。ここには実《じつ》は、偶然《ぐうぜん》がかかわっています。もしあなたの両親《りょうしん》が出《で》会《あ》わなかったら……それより前《まえ》に、おじいさんとおばあさんが出会《であ》っていなかったら……こう考《かんが》えてくると、あなたという存在《そんざい》の誕生《たんじょう》には、たくさんの偶然《ぐうぜん》がかかわっていることがわかります。これも機械《きかい》とちがうところですね。機械《きかい》は設計《せっけい》図《ず》を描《か》いて、必要《ひつよう》な部品《ぶひん》をつくり、それを組《く》み立《た》てていく。すべて計画《けいかく》どおりです。

前《まえ》にも書《か》いたように、あなたの出発点《しゅっぱつてん》である受精卵《じゅせいらん》の中《なか》にあるDNA（ゲノム）は、世界《せかい》にただ一《ひと》つ、この世《よ》にこれまでにはなかった存在《そんざい》です。

ところで、その受精卵《じゅせいらん》があなたという存在《そんざい》になっていくには、ゲノムの中《なか》にある遺伝子《いでんし》がはたらいて、体《からだ》をつくっていかなければなりません。それはお母《かあ》さんの子宮《しきゅう》の中《なか》で行《おこ》なわれます。この場合《ばあい》、たいせつなことは、ゲノムの中《なか》にあるたくさんの遺伝子《いでんし》（人間《にんげん》の場合《ばあい》2万《まん》3000個《こ》ほど）が、一《ひと》つ一《ひと》つの細胞《さいぼう》の中《なか》ではたらく順番《じゅんばん》を決《き》めたり、ときには、はたらかないようにしたりしながら、全体《ぜんたい》としてまとまったはたらきをすることです。こうして体《からだ》ができあがると、いよいよ誕生《たんじょう》です。もちろん誕生後《たんじょうご》も、あなたの体《からだ》の中《なか》では一生《いっしょう》の間《あいだ》、ゲノムがはたらき続《つづ》けています。このように一《ひと》つの個体《こたい》も1年《ねん》、2年《ねん》、3年《ねん》……と時間《じかん》をつむいでいきます。38億年《おくねん》という生《い》きものの歴史《れきし》の上《うえ》に、一人一人《ひとりひとり》の一生《いっしょう》という時間《じかん》を積《つ》み重《かさ》ねていくのです。

朝起《あさお》きて、ごはんを食《た》べて、学校《がっこう》で勉強《べんきょう》して、お友《とも》だちと遊《あそ》んで……わたしたちにとっては、これらの活動《かつどう》が「生《い》きている」ということの実感《じっかん》ですけれど、それができるためには、わたしたちの体《からだ》がいつもいつも全体《ぜんたい》としてのまとまりをもってはたらき続《つづ》けてくれなければなりません。いつもは、そんなことを考《かんが》えなくても、体《からだ》はうまくはたらくようにできています。前《まえ》にも書《か》いたように、少々《しょうしょう》こわれても自分《じぶん》でなおしながら。

けれども、わたしたちが「生《い》きている」ってどういうことなのだろうということをまったく忘《わす》れて行動《こうどう》をし始《はじ》めると、体《からだ》はうまくはたらかなくなります。それは、生《い》きているからこそ存在《そんざい》する〝いのち〟や〝心《こころ》〟にとってあぶないことになります。では、生《い》きているということを忘《わす》れた行動《こうどう》とはなにか。それを考《かんが》えてみましょう。

ここでまた機械《きかい》と人間《にんげん》をくらべてみます。機械《きかい》にはなにをするか、目的《もくてき》があります。自動車《じどうしゃ》なら、人《ひと》や物《もの》を運《はこ》ぶということ、その目的《もくてき》を最《もっと》も効率《こうりつ》よく行《おこ》なえる機械《きかい》がよい機械《きかい》です。いっぽう、わたしたち人間《にんげん》は、まず〝自分自身《じぶんじしん》が生《い》きることʺがたいせつです。もちろん、生《い》きることの中《なか》には、人《ひと》に親《しん》切《せつ》にするとか、世《よ》の中《なか》の役《やく》に立《た》つ道具《どうぐ》を発明《はつめい》するとかいう、それぞれの人《ひと》の生《い》き方《かた》、別《べつ》のいい方《かた》をするなら目的《もくてき》がありますけれど。つまり機械《きかい》は、存在《そんざい》することそのものに意味《いみ》があるのではなく、行《おこ》なうはたらきが重要《じゅうよう》なのですが、わたしたち人間《にんげん》の場合《ばあい》、存在《そんざい》することそのものにまずたいせつな意味《いみ》があるのです。これはとてもたいせつなことですので、よく考《かんが》えてくださ い。なにができるかとか、なにをするかという前《まえ》に、〝いることʺに意味《いみ》があるのは生《い》きものだけでしょう。お友《とも》だちといっしょ

にいるときも、それを忘《わす》れないでください。〝いること〟がたいせつなんだということを。もちろん生《い》きていく中《なか》でなにをするかということはたいせつですが、それは人《ひと》それぞれ。まず〝いること〟のたいせつさが先《さき》です。

このような機械《きかい》とわたしたちのちがいを具体的《ぐたいてき》に知《し》るには、なにに注目《ちゅうもく》すればよいのでしょう。わたしはそれは「時間《じかん》」だと考《かんが》えています。機械《きかい》の場合《ばあい》、できるだけ時間《じかん》をかけずに目的《もくてき》を達《たっ》するのが、よい機械《きかい》です。現代《げんだい》は科学技術《かがくぎじゅつ》文明《ぶんめい》の時代《じだい》ですから、どんどんよい機械《きかい》が発明《はつめい》され、時間《じかん》をかけないように、かけないようにする方向《ほうこう》に動《うご》いています。日本各地《にほんかくち》にジェット機《き》が飛《と》び、1、2時間《じかん》あればどこへでも行《い》けるようになりました。便利《べんり》です。

では、生《い》きものはどうでしょう。わたしたちは食事《しょくじ》をします。自動車《じどうしゃ》にガソリンを入《い》れるのとおなじです。でも、食物《たべもの》はそれだけのものでしょうか。今日《きょう》はなにを食《た》べようか。まず、これを考《かんが》えるのが楽《たの》しみです。実《じつ》はわたしは今日《きょう》、お友《とも》だちが市民農園《しみんのうえん》でつくったじゃがいもで肉《にく》じゃがをつくり、家族《かぞく》にお友《とも》だちの話《はなし》をしながらいただきました。おいしかったし、楽《たの》しかった。これにはたくさんの時間《じかん》がかかっています。畑《はたけ》でのじゃがいもつくりから考《かんが》えたら、大変《たいへん》な手間《てま》です。でもその友《とも》だちは、畑仕事《はたけしごと》をしたり、そこで収穫《しゅうかく》した野菜《やさい》を知人《ちじん》におすそわけすることが楽《たの》しくて、会社《かいしゃ》での仕事《しごと》をする力《ちから》がそこから出《で》てくるといっています。

料理《りょうり》や食事《しょくじ》はどれもすべて〝生《い》きている〟ことにつながり、それをたいせつにすることは、わたしたちが存在《そんざい》することの一《ひと》つの意味《いみ》なのです。

楽《たの》しみながら食《た》べれば、体《からだ》は自然《しぜん》にしっかりとはたらいてくれますし、心《こころ》も豊《ゆた》かになります。もし、ここに効率《こうりつ》よくという考《かんが》え方《かた》を入《い》れて、畑《はたけ》での作業《さぎょう》も料理《りょうり》も切《き》り捨《す》て、すべてをお金《かね》ですませるような生活《せいかつ》にしたら、便利《べんり》だけれど、そのぶん、さびしいことや失《うしな》うものも多《おお》いのではないでしょうか。

すでに何度《なんど》もいったように、いのちや心《こころ》は「これです」といってとり出《だ》せるものではありませんが、「たしかにそれがあるなあ」「わたしたちにとってそれはたいせつなものだなあ」と実感《じっかん》することはできます。その実感《じっかん》の一《ひと》つが、日常《にちじょう》の生活《せいかつ》をていねいに暮《く》らし、そこで過《す》ぎていく時間《じかん》を心《こころ》に止《と》めることだと思《おも》います。

ところが、今《いま》の社会《しゃかい》はそこに価値《かち》を認《みと》めない傾向《けいこう》があります。早《はや》くできることがよいという価値《かち》です。時間《じかん》をかけて自分《じぶん》たちで食《た》べものをつくるのは止《や》めて、できあがったものを買《か》えばいいじゃないか。お金《かね》さえあればそれはできるよ、という考《かんが》え方《かた》です。日本《にほん》の国《くに》はその道《みち》を選《えら》んだので、食糧自給率《しょくりょうじきゅうりつ》が40%という低《ひく》いものになり、どんな人《ひと》がどんなふうにつくったのかわからない食《た》べものを口《くち》にすることになりました。たしかに効率《こうりつ》はよいかもしれません。でも、本当《ほんとう》にこれでよいのでしょうか。

わたしたちが生《い》きるということは、時間《じかん》をつむぐことであるのに、毎日《まいにち》の暮《く》らしの中《なか》で必要《ひつよう》な時間《じかん》をたいせつにしない社会《しゃかい》になってきたために、体《からだ》の中《なか》でいのちゃ心《こころ》が悲鳴《ひめい》をあげているような気《き》がしてなりません。

## 生《せい》の中《なか》にある「死《し》」――不老不死《ふろうふし》は望《のぞ》まない

いのちは、生《い》きているときにあるもので、それが失《うしな》われたときに生《い》きものは死《し》にます。ふだん、とくにいのちについて考《かんが》えたりはしないし、いのちをたいせつになどといわれてもよくわからないという人でも、死《し》ぬのはイヤ、死《し》はこわいと思《おも》っているでしょう、わたしもおなじです。死《し》ってどういうものなのか、考《かんが》えれば考《かんが》えるほどわからなくなります。ときには、どうせ死《し》ぬのになぜ生《う》まれてきたのだろう、と思《おも》うことさえあります。それでは、不老不死《ふろうふし》を願《ねが》うかと聞《き》かれたら、それには〝いいえ〟と答《こた》えます。それは、これまで述《の》べてきたように、長《なが》い歴史《れきし》があったからこそわたしがここにいるという、生命誌《せいめいし》という見方《みかた》をしているからです。

生《せい》と死《し》。ふつうこれは反対語《はんたいご》だと思《おも》いますね。〝生《い》きていない状態《じょうたい》〟を死《し》というのですから。でも、生《せい》と死《し》は正確《せいかく》な意味《いみ》で反対語《はんたいご》ではありません。すでに書《か》いたように、生《い》きものは、本来自分《ほんらいじぶん》を生《い》かし続《つづ》けるようにできています。こわれても自分《じぶん》でなおしながら続《つづ》いていこうとします。だからこそ38億年《おくねん》もの間《あいだ》、絶《た》えることなく〝いのち〟が続《つづ》いてきたのです。

実《じつ》は、最初《さいしょ》に生《う》まれた生《い》きものである細胞《さいぼう》は、死《し》ぬようにはできていませんでした。外《そと》からの栄養《えいよう》をとって大《おお》きくなった細胞《さいぼう》は、二《ふた》つに分裂《ぶんれつ》します。自分《じぶん》を分《わ》けて、娘細胞二《むすめさいぼうふた》つになるのです。死《し》んでいませんね。できた細胞《さいぼう》もまた二《ふた》つになって……38億年《おくねん》もの間《あいだ》ずっと増《ふ》え続《つづ》けたら、今《いま》ではどうなっているか。そうです。

もしそのまま増《ふ》え続《つづ》けたら、地球《ちきゅう》はバクテリアしかいないでしょう。エサがなくなったり、水《みず》がなくて干《ひ》からびたり、結局《けっきょく》、本来《ほんらい》は死《し》ななくてもよいのに死《し》んでしまうことが多《おお》く、実際《じっさい》にはバクテリアだらけにはなっていませんけれど。

ところで、あるときから個体《こたい》は死《し》ななければならなくなりました。どんなに十《じゅう》分《ぶん》に食《た》べものがあっても、水《みず》があっても、死《し》ぬことになったのです。それは、オスとメスができて（少《すこ》し硬《かた》くいうなら、性《せい》が生《う》まれて）、受精《じゅせい》によって子《こ》どもが生《う》まれるようになったときからの決《き》まりです。

〝いのち〟は、続《つづ》くのを止《や》めたのでしょうか。

そうではありません。あなたの始《はじ》まりは受精卵《じゅせいらん》ですね。それは、お母《かあ》さんの卵《らん》とお父《とう》さんの精子《せいし》が合体《がったい》してできたものです。卵《らん》と精子《せいし》を生殖細胞《せいしょくさいぼう》と呼《よ》びますが、これは子《こ》どもとなって続《つづ》いていくのです。とくに、お母《かあ》さんの卵《らん》は、分裂《ぶんれつ》をしてあなたの体《からだ》になっていくのですから、まさに〝いのち〟は続《つづ》いています。〝いのち〟

とは、続《つづ》くものなのです。新《あたら》しい個体《こたい》に〝いのち〟を渡《わた》し、一《ひと》つ一《ひと》つの個体《こたい》は消《き》えていく。これが、いのちを続《つづ》けるために生《い》きものが選《えら》んだ方法《ほうほう》なのです。

最初《さいしょ》は死《し》がなかったのに、途中《とちゅう》から一《ひと》つ一《ひと》つの個体《こたい》が死《し》ぬという生《い》き方《かた》が登場《とうじょう》したのは、なぜでしょう（もちろん今《いま》でもバクテリアのように分裂《ぶんれつ》によって生《い》きているものもあるので、すべてが変《か》わってしまったわけではありません）。

前《まえ》に、あなたは、たった一《ひと》つしかない存在《そんざい》だ、といいました。もし、最初《さいしょ》の生《せい》物《ぶつ》のように、細胞《さいぼう》が分裂《ぶんれつ》するだけで生《い》きていたらどうでしょう。おなじものが増《ふ》えるだけですね。もっともDNA（ゲノム）は、紫外線《しがいせん》が当《あ》たったり、外《そと》から化《か》学物質《がくぶっしつ》が入《はい》ってきたりすることで少《すこ》しずつ変化《へんか》しますが、1個《こ》の細胞《さいぼう》が分裂《ぶんれつ》していただけでは、変化《へんか》には限《かぎ》りがあります。

いっぽう、わたしたちのように多細胞生物《たさいぼうせいぶつ》になると、さまざまな形《かたち》になり、脚《あし》ができたり羽《はね》が生《は》えたりしていろいろな暮《く》らし方《かた》ができるようになります、しかも、子《こ》どもはまったく新《あたら》しく生《う》まれ、両親《りょうしん》のDNAの組《く》み合《あ》わせによって、これまでにないたった一《ひと》つの存在《そんざい》になるのです。こうして多様化《たようか》が進《すす》みます。実《じつ》は、〝いのち〟が続《つづ》いていくには、多様化《たようか》がたいせつでした。前《まえ》にもふれたように、地《ち》球《きゅう》のようすは厳《きび》しく変化《へんか》します。そのとき、おなじ性質《せいしつ》でおなじように暮《く》らしている生《い》きものばかりだったら、みな滅《ほろ》びるかもしれません。多様《たよう》になっていたほうが、いのちが続《つづ》く可能性《かのうせい》は高《たか》いわけです。

ちょっとふしぎな話《はなし》ですけれど、生《い》き続《つづ》けるためには死《し》を組《く》みこんでおくことが必要《ひつよう》だったのです。「生《せい》と死《し》は反《はん》対語《たいご》ではない」といったのは、こういう意味《いみ》です。ですから、永遠《えいえん》に死《し》なないようにしようとするのは、このいのち

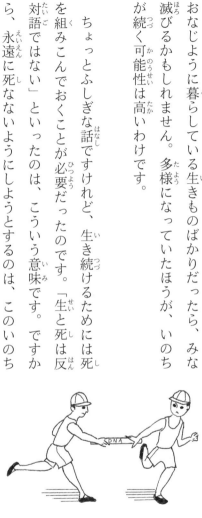

の流《なが》れに逆《さか》らうことになります。生《い》きられるだけ思《おも》い切《き》り生《い》き、次《つぎ》へバトンタッチしていくのが、いのちをたいせつにすることなのです。それにしても、いのちっておかしなものですね。たいせつにすることの一《ひと》つに、それを失《うしな》うこともふくまれているなんて。

もっとおかしなこともあります。わたしたちの体《からだ》が生《い》きていくために、体《からだ》の中《なか》に死《し》が入《はい》りこんでいるのです。たとえば、野球《やきゅう》でボールをにぎって投《な》げるとき、指先《ゆびさき》でボールの硬《かた》さを感《かん》じ、にぎり方《かた》や投《な》げ方《かた》を決《き》めますね。脊髄《せきずい》にある神経細《しんけいさい》胞《ぼう》と指先《ゆびさき》の筋肉細胞《きんにくさいぼう》がつながっているから、それができるのです。

受精卵《じゅせいらん》から体《からだ》ができていくときに、神経《しんけい》と筋肉《きんにく》をつなげるために、神経細胞《しんけいさいぼう》は長《なが》い軸索《じくさく》を指先《ゆびさき》に向《む》かってのばします。でも遠《とお》いところですから、一発《いっぱつ》で相手《あいて》を探《さが》し当《あ》てるのはむずかしいですね。そこで、たくさんの軸索《じくさく》をのばし、その中《なか》の一《ひと》つがうまく指先《ゆびさき》の筋肉細胞《きんにくさいぼう》にぶつかったら、あっこれでつながったということになります。うまく行《い》きつかなかった神経細胞《しんけいさいぼう》は死《し》んでいきます。こうしてわたしたちが思《おも》いどおりに指《ゆび》を動《うご》かせるようになるのです。

死《し》ぬのはよくないと、一本《いっぽん》しか軸索《じくさく》をのばさないで、それがうまくたどりつけなかったら、指《ゆび》が動《うご》かないことになり、困《こま》ります。そこで生《い》きものは、死《し》ぬ運命《うんめい》になることがわかったうえで少《すこ》し余分《よぶん》に軸索《じくさく》をのばしておくという方法《ほうほう》をとったのです。

死《し》はこわい。そのとおりですけれど、それはいのちを続《つづ》けるために、よりよく生《い》きるために存在《そんざい》するのだという面《めん》も知《し》ってほしいと思《おも》います。ですから、死《し》を考《かんが》えるときはそれを生《せい》とつなげて考《かんが》えてほしいのです。

ここから考《かんが》えても、勝手《かって》にいのちをうばったりすることは許《ゆる》されないことが、わかりますね。また、クローン技術《ぎじゅつ》（受精《じゅせい》によらず細胞《さいぼう》の増殖《ぞうしょく》によってまったくおなじ個体《こたい》をいくつも生《う》み出《だ》そうとする技術《ぎじゅつ》）を使《つか》えば不死《ふし》になれるのではないか、という考《かんが》えもまちがっています。

生《せい》と死《し》のしくみをよく知《し》って、今《いま》を思《おも》い切《き》り生《い》きることが、わたしたちの生《い》き方《かた》なのです。

## 人間《にんげん》について考《かんが》えよう

ここまでは、わたしが専門《せんもん》とする生命誌《せいめいし》から、いのちは生《い》きていることとともにあるので、生《い》きていることを考《かんが》えようとしてきました。人間《にんげん》だけでなく生《い》きものには〝いのち〟がある。いのちは38億年《おくねん》かけて、さまざまな生《い》きものを生《う》み出《だ》しながら続《つづ》いてきたという見方《みかた》です。

すべての生《い》きものはDNA（ゲノム）をもつ細胞《さいぼう》からできており、しかもゲノムには生《い》きものの歴史《れきし》が書《か》いてあるので、それを読《よ》みとると生《い》きものの特徴《とくちょう》がわかり、そこから〝いのち〟が見《み》えてくる、といいました。

これは科学的《かがくてき》なものの見方《みかた》です。科学《かがく》ですべてがわかるわけではありませんが、科学的《かがくてき》な見方《みかた》は、おもしろいことをたくさん教《おし》えてくれるので悪《わる》くない。わたしはそう思《おも》っています。その理由《りゆう》の一《ひと》つは、自分《じぶん》だけにこだわらずに、ときには人《にん》間《げん》だけにこだわらずにいのちのことを考《かんが》えられるということです。バクテリアもなかまだと思《おも》ったときに見《み》えてくる〝いのち〟の世界《せかい》は、なんだか楽《たの》しいというのが、わたしの受《う》けとめ方《かた》です。そこで、共通点《きょうつうてん》を探《さぐ》るために、体《からだ》、細胞《さいぼう》、ゲノムを中心《ちゅうしん》に考《かんが》えてきました。

でも、人間《にんげん》は人間《にんげん》だし、わたしはわたしだろう。そういう声《こえ》が聞《き》こえてきます。そのとおりです。わたしは、他《ほか》の生《い》きもののところまで広《ひろ》げて考《かんが》えることと、わたしを見《み》つめることとの間《あいだ》を行《い》ったり来《き》たりしながら、「わたしってなんだろう」「いのちってなんだろう」と考《かんが》えるのを楽《たの》しんでいます。

いのちという問題《もんだい》は、だれかに答《こた》えを教《おし》えてもらうものではありません。そもそも正解《せいかい》などないのです。いのちについて、わたしについて考《かんが》えることが生《い》きるということだといってもよいでしょう。

そこで最後《さいご》に、ゲノムや細胞《さいぼう》から少《すこ》しはなれて、人間《にんげん》について今思《いまおも》っていることを書《か》きます。いのちやわたしや死《し》について深《ふか》く考《かんが》えるのは、おそらく人間《にんげん》だけでしょう。そしてそれは、発達《はったつ》した大脳《だいのう》のはたらきによるのでしょう（最近《さいきん》、サルにも総合的《そうごうてき》にものを考《かんが》えることに関連《かんれん》のある神経細胞《しんけいさいぼう》が発見《はっけん》され話題《わだい》になっていますが、人間《にんげん》との差《さ》は大《おお》きいと思《おも》います）。

ただし、脳《のう》は脳《のう》だけではたらいているわけではありません。体《からだ》の一部《いちぶ》であり、外《そと》とも情報《じょうほう》のやりとりをしながら、わたしをつくり上《あ》げていくのです。ここで重要《じゅうよう》なのは〝心《こころ》〟でしょう。最初《さいしょ》に、デカルトが提唱《ていしょう》した人間《にんげん》を機械《きかい》のように見《み》る見方《みかた》をとり上《あ》げましたが、実《じつ》はここで機械《きかい》にたとえたのは体《からだ》であり、心《こころ》は別《べつ》だといっているのです。

けれども、体《からだ》があり、それが生《い》きていることが〝いのち〟のありようを見《み》せてくれるといったときの〝いのち〟には、もちろん心《こころ》のはたらきも入《はい》ってきます。心《こころ》は別《べつ》ではありません。

わたしは、〝心《こころ》〟は、「生《い》きていることから生《う》まれてくる動的関係《どうてきかんけい》」だと思《おも》っています。相手《あいて》は人間《にんげん》でも、他《ほか》の生《い》きものでも、茶《ちゃ》わんなどの無生物《むせいぶつ》でもかまいません。生《い》きているわたしが、相手《あいて》に対《たい》して、好《す》きとか嫌《きら》いとか思《おも》ったり、きれいな色《いろ》だなあとうっとりする、このときのはたらきが〝心《こころ》〟だと思《おも》うのです。情報《じょうほう》処理《しょり》は主《しゅ》として脳《のう》で行《おこ》なっているでしょうが、さわったときの感覚《かんかく》や見《み》たときの気持《きも》ちがだいじですから、体全体《からだぜんたい》がかかわっていますね。そして、相手《あいて》が生《い》きているものであれば、こちらの行動《こうどう》に対《たい》して反応《はんのう》しますから、とても動的《どうてき》な関係《かんけい》が生《う》まれます。これを「心《こころ》がはたらいた」といってよいのではないでしょうか。

ここでとてもたいせつなのが、相手《あいて》を理解《りかい》すること、ときには相手《あいて》の気持《きも》ちになることとです。わたしはこれまで、科学《かがく》が明《あき》らかにしたことを基本《きほん》にして、〝いのち〟を考《かんが》えてきました。科学《かがく》は客観性《きゃっかんせい》を重視《じゅうし》し、必要《ひつよう》なのは好奇心《こうきしん》だけだといわれてきました。そうではありません。とくに生《い》きものや、生《い》きていることについて考《かんが》える科学《かがく》は、相手《あいて》の立場《たちば》になって考《かんが》える必要《ひつよう》があります。相手《あいて》にのめりこむのではなく、相手《あいて》の立場《たちば》になってから、客観的《きゃっかんてき》に考《かんが》えてみることによって、さまざまな動的関係《どうてきかんけい》、つまり心《こころ》のはたらきを活発《かっぱつ》にできるのです。このような人《ひと》びとがつくる社会《しゃかい》が、心豊《こころゆた》かな社会《しゃかい》です。

ここで、サルにも存在《そんざい》することのわかった重要《じゅうよう》な神経細胞《しんけいさいぼう》を紹介《しょうかい》します。イタリアの研究者《けんきゅうしゃ》がサルの脳《のう》に電極《でんきょく》をさして、運動前野《うんどうぜんや》と呼《よ》ばれる部分《ぶぶん》の神経細胞《しんけいさいぼう》のはたらきを調《しら》べていたときのことです。休《やす》み時間《じかん》になり、研究者《けんきゅうしゃ》がアイスクリームを食《た》べはじめたら、サルの神経細胞《しんけいさいぼう》が活動《かつどう》している、という信号《しんごう》が出《で》たのです。それはサルが物《もの》をつかむときにはたらく細胞《さいぼう》でした。つまり研究者《けんきゅうしゃ》がおいしそうなものを手《て》でつかんでいるのを見《み》て、自分《じぶん》もものをつかんでいる気持《きも》ちになったのでしょう。この細胞《さいぼう》は、鏡《かがみ》のようなはたらきをする神経細胞《しんけいさいぼう》という意味《いみ》で、ミラーニューロンと名《な》づけられました。これがはたらくのは、相手《あいて》と自分《じぶん》がおなじことができることがわかっているということを示《しめ》しています。

　相手《あいて》の立場《たちば》になってから客観的《きゃっかんてき》に考《かんが》えることが重要《じゅうよう》だといいました。でも、相手《あいて》の気持《きも》ちなんてどうやってわかるのだろう、と思《おも》いますね。わたしが赤《あか》

いと思《おも》って見《み》ているものを、他《ほか》の人《ひと》も本当《ほんとう》にわたしとおなじように見《み》ているのだろうか、と疑問《ぎもん》に思《おも》ったことがあると思《おも》います。リンゴを見《み》て、「赤《あか》いですね」といい合《あ》っているとき、おなじように見《み》えているという証拠《しょうこ》はありません。

ミラーニューロンも、両者《りょうしゃ》がまったくおなじものを見《み》て、おなじことを考《かんが》えていることを完全《かんぜん》に証明《しょうめい》するものではありませんが、少《すく》なくとも自分《じぶん》の行為《こうい》と相手《あいて》の行為《こうい》が結《むす》びつけられたということはわかります。それなら相手《あいて》の立場《たちば》になって考《かんが》えることができるでしょう。人間《にんげん》は、このようなはたらきを他《ほか》のどの生《い》きものよりも発達《はったつ》させてきているはずです。ミラーニューロンは、自分《じぶん》が生《い》きることと、他《ほか》の人《ひと》が生《い》きることをつなぐ、とてもたいせつなはたらきをします。

いのちをたいせつにするということは、自分《じぶん》をたいせつにすることであり、自《じ》分《ぶん》とつながっている他《ほか》の人《ひと》や他《ほか》の生《い》きものをたいせつにすることである。最新《さいしん》の科学《かがく》がそのような考《かんが》え方《かた》を明《あき》らかにしつつあることに、注目《ちゅうもく》してください。

# 今《いま》、ここにわたしがいるふしぎ

現在《げんざい》、地球上《ちきゅうじょう》にいる生物《せいぶつ》の種類《しゅるい》の数《かず》すら、正直《しょうじき》にいって、わたしたちはまだわからないのです。今名前《いまなまえ》のついているものが約《やく》150万種《まんしゅ》くらい。最近《さいきん》は熱帯《ねったい》林《りん》の中《なか》に多様《たよう》な生物《せいぶつ》のいることがわかり、約《やく》3000万種《まんしゅ》ともいわれています。

生物《せいぶつ》は何千万種類《なんぜんまんしゅるい》いようとも、どれも細胞《さいぼう》でできており、その基本的《きほんてき》な性質《せいしつ》を決《き》めているDNAが入《はい》っています。

基本的《きほんてき》にはおなじもの（細胞《さいぼう》）でできているのに、なぜそれがトンボやチョウになったり、ユリの花《はな》になったりするのでしょう。基本《きほん》はおなじで、それぞれちがう。あなたもわたしもその一《ひと》つとして存在《そんざい》するわけで、それが、「今自分《いまじぶん》がここにいるふしぎ」ということを思《おも》わせます。

あらゆる生物《せいぶつ》がみんなDNAの入《はい》った細胞《さいぼう》でできている理由《りゆう》は、祖先《そせん》がおなじだからでしょう。その祖先《そせん》は、今《いま》から38億年《おくねん》くらい前《まえ》に生《う》まれたことがわかっています。

一《ひと》つの祖先《そせん》からだんだんと進化《しんか》し、チョウになったり人間《にんげん》になったりウシになったりしたのです。そこで、それぞれがもっているDNAを分析《ぶんせき》した結果《けっか》、その中《なか》に、歴史《れきし》が書《か》きこまれていることがわかりました。

歴史《れきし》が入《はい》っているという意味《いみ》を、一《ひと》つの例《れい》で説明《せつめい》しましょう。あなたのDNAの中《なか》に、どの生《い》きものにも必要《ひつよう》なはたらきをする遺伝子《いでんし》があります。生《い》きものはみんな動《うご》いたり、成長《せいちょう》したりしますね。そのためにはエネルギーが必要《ひつよう》です。そのエネルギーは、食《た》べものに入《はい》っている脂肪《しぼう》や糖分《とうぶん》を分解《ぶんかい》して、つくります。

ですから、生《い》きものの体《からだ》の中《なか》には、必《かなら》ず糖分《とうぶん》を分解《ぶんかい》してエネルギーをつくるはたらきをする遺伝子《いでんし》があります。あなたはもちろん、植物《しょくぶつ》だって、細菌《さいきん》などの微生物《びせいぶつ》だってもっています。

そこで、いろいろな生《い》きものの中《なか》でそのはたらきをしている遺伝子《いでんし》をくらべました。大腸菌《だいちょうきん》、酵母菌《こうぼきん》、植物《しょくぶつ》、ネズミ、サル、ヒトなどさまざまな生《い》きもののDNAを取《と》り出《だ》して、くらべたのです。すると、その構造《こうぞう》がほとんどおなじだということがわかりました。

正確《せいかく》にいえば、まったくおなじではありません。たとえば、大腸菌《だいちょうきん》とヒトは長《なが》いあいだ別《べつ》の生《い》きものとして生《い》きてきたのですから、そのあいだに少《すこ》し変《か》わります。たとえばおなじ型《かた》の自動車《じどうしゃ》でも、それぞれの持《も》ち主《ぬし》が10年《ねん》も使《つか》っていれば、それぞれにちがってきます。それとおなじで、別《べつ》べつの生《い》きものの中《なか》で使《つか》っているあいだに少《すこ》しずつはちがってきましたが、明《あき》らかに元《もと》はおなじだ、という構造《こうぞう》をもっているのです。

　エネルギーをつくるための遺伝子《いでんし》はだいじですから、大《おお》むかし、生《い》きものが生《う》まれたときに存在《そんざい》したにちがいありません。今《いま》あなたの体《からだ》の中《なか》ではたらいている遺伝子《いでんし》は、それが少《すこ》し変化《へんか》したものなのです。つまり、あなたの体《からだ》の中《なか》には、38億年《おくねん》前《まえ》からの歴史《れきし》が入《はい》っているのです。もちろん、あなただけでなく、あらゆる人《ひと》の中《なか》に、いや人《ひと》だけでなくあらゆる生《い》きものの中《なか》に入《はい》っています。

　いのちの尊《とうと》さって、いったいなんだろう。いのちが尊《とうと》いということは、直観的《ちょっかんてき》にだれだってわかります。いのちが尊《とうと》くないと思《おも》っている人《ひと》はいないでしょう。わたしは科学《かがく》の世《せ》

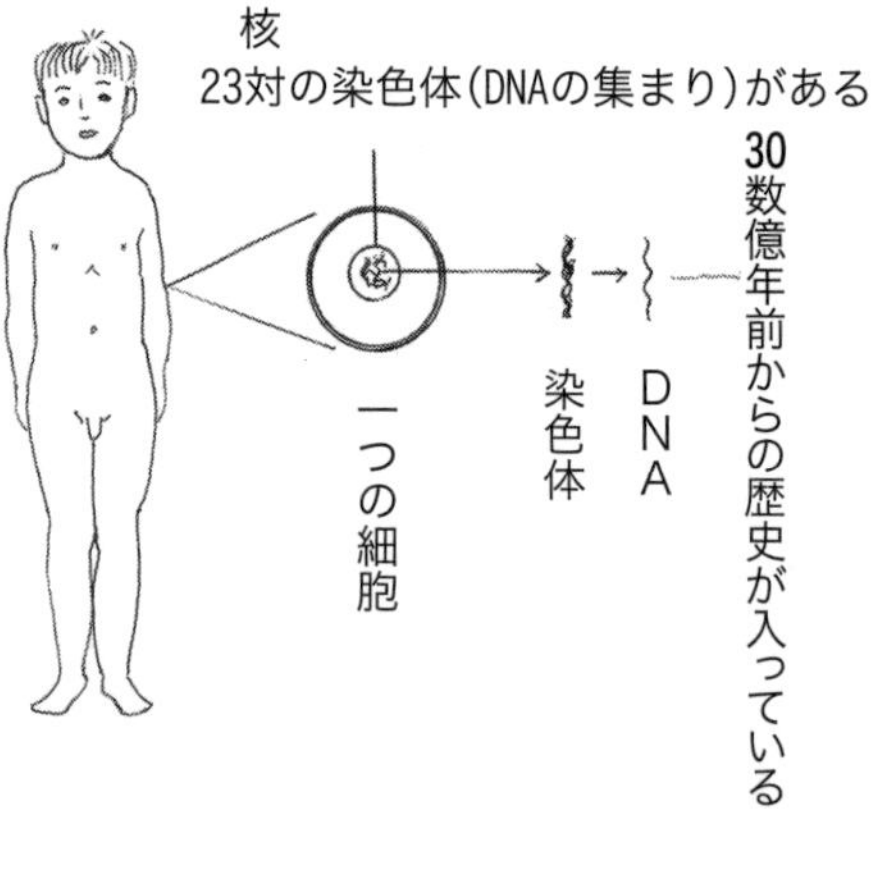
人体は37兆個の細胞からできている

界《かい》にいるので、すぐ理屈《りくつ》で説明《せつめい》したくなるのですが、そんなことをしなくても、直観《ちょっかん》で尊《とうと》いと思《おも》って暮《く》らせばいいわけです。ただ、38億年《おくねん》の歴史《れきし》があなたの中《なか》にあり、その後《うし》ろ側《がわ》に、驚《おどろ》くほどたくさんの生《い》きものたちが生《い》きた世界《せかい》があると思《おも》うと、それはとても重《おも》いでしょう。そこからわかったことが直観《ちょっかん》と重《かさ》なるところがおもしろいと思《おも》うのです。

ご先祖《せんぞ》さまについては、考《かんが》えたことがあるでしょう。DNAを通《とお》してみると、あなたの直接《ちょくせつ》のご先祖《せんぞ》さまよりもっと戻《もど》って、すべての人間《にんげん》の祖先《そせん》がいることがわかります。さらに戻《もど》って他《ほか》の生《い》きものたちすべての祖先《そせん》が見《み》えてきて、どんどんさかのぼります。そして38億年前《おくねんまえ》の生命《せいめい》の始《はじ》まりまで戻《もど》るのです。この時間《じかん》の重《おも》み、これはやはり重《おも》いといわざるをえませんね。

生《い》きものはとても魅力的《みりょくてき》なものです。わたしたち人間《にんげん》を見《み》ていると、ときどき失敗《しっぱい》をしたりもするけれど、それも含《ふく》めて、生《い》きものっていいものだと思《おも》うのです。わたしはＤＮＡの研究《けんきゅう》をしてよかったなと思《おも》うのは、生《い》きものの魅力《みりょく》がとてもよくわかるからです。

とはいえ、だれでもＤＮＡの研究者《けんきゅうしゃ》になるわけにはいきません。でもだいじょうぶ。これは生《い》きものをよく見《み》て考《かんが》えると直観《ちょっかん》でわかることでもあるからです。たとえばお釈迦《しゃか》さまは、今《いま》から２５００年前《ねんまえ》に、現代科学《げんだいかがく》が明《あき》らかにしたことと大変《たいへん》よく似《に》たことをおっしゃっています。生《い》きものたちはみんななかまだと。ＤＮＡもご存《ぞん》じなかったでしょうし、なにも分析《ぶんせき》なさったわけではないけれど、直観的《ちょっかんてき》に生《い》きものというのは基本的《きほんてき》にはみなおなじ存在《そんざい》であって、それぞれのいのちはたいへんな重《おも》みをもっているとい

おしゃかさまは
おっしゃいました
「生《い》きものたちは
みんななかまだ」と

うことを、感《かん》じられたのでしょう。お釈迦《しゃか》さまが亡《な》くなったときは、たくさんの生《い》きものたちがお別《わか》れにやってきました。2500年《ねん》もたってから、わたしたちが科学《かがく》で明《あき》らかにしてきたことがわかっていらしたのです。実《じつ》はお釈迦《しゃか》さまだけでなく、自然《しぜん》の中《なか》で暮《く》らしてきたむかしの人《ひと》たちは、おなじように感《かん》じていたと思《おも》います。そして人間《にんげん》はもちろん、ほかの生《い》きものたちもだいじにして暮《く》らしていたのです。

科学《かがく》で調《しら》べると、事実《じじつ》として示《しめ》せるので、だれでも本当《ほんとう》にそうだなと思《おも》えますね。みんななかま、と思《おも》って世《よ》の中《なか》を見《み》ると、生《い》きていくことが楽《たの》しくなります。みなおなじ、アリもおなじだなと思《おも》うと、生《い》きる楽《たの》しさが大《おお》きくなりますよ。

# 3

# 童話《どうわ》のひみつ

# クローン

## 自分《じぶん》とおなじなかまをつくる

ドラえもんやパーマン……。みんなが大好《だいす》きなテレビの主人公《しゅじんこう》。きみもあんなふうになりたいなあ、そう思《おも》いながらテレビを見《み》ているのかしら? 人間《にんげん》はいつでもあんなことがしたい、こうなりたいという夢《ゆめ》をもっている。それをお話《はなし》に書《か》いて、本当《ほんとう》にそうなったつもりになることもあるし、それを本当《ほんとう》にしてしまうこともある。

空《そら》を飛《と》びたいなあという気持《きも》ちをピーターパンのお話《はなし》にした人《ひと》もあれば、飛行機《ひこうき》を発明《はつめい》した人《ひと》もある。いろいろな人《ひと》がいるのね。ピーターパンだと文学《ぶんがく》、飛行機《ひこうき》は科学《かがく》や技術《ぎじゅつ》につながります。国語《こくご》好《ず》きと理科《りか》好《ず》きはぜんぜんちがうみたいだけれど、どうも根《ね》っこはおなじらしいよ。

そこで、これからしばらく、童話《どうわ》と科学《かがく》をテーマにしながら、〝生《い》きもの〟について考《かんが》えてみよう。

はじめは、孫悟空《そんごくう》。このイタズラザルはいろいろな術《じゅつ》を使《つか》うけれど、その中《なか》に「分身《ぶんしん》の術《じゅつ》」というのがある。体《からだ》の毛《け》を一《ひと》つかみぬいて、口《くち》の中《なか》でかみくだき、ぷっとひと吹《ふ》き！「変《か》われ」っていうと、一本一本《いっぽんいっぽん》の毛《け》が、みんなおなじ小《ちい》さいサ

人類のあこがれ、飛ぶ！
ギリシア神話のエロス
ローマではクピド
英国でキューピッド

中村桂子コレクション

月報 1
第5巻
（第1回配本）
2019年1月

目次



藤原書店
東京都新宿区
早稲田鶴巻町 523

# 機械論を脱構築する生命誌と情報学

西垣 通

「早稲田大学の中村です、西垣さんですか」という声が電話口から聞こえてきたのは、たしか三〇年近く前のことだった。知的で気品があり、それでいて親しげで物柔らかなその独特の口調が、今でも耳の奥にはっきり残っている。

それから長いお付き合いが始まった。電話の趣旨はある研究会へのお誘いである。当時、まだ生命誌研究館は設立前で、中村さんは早稲田大学人間科学部で教えておられ、私は日立製作所のコンピュータ・エンジニアをやめて大学教員になったばかりだった。研究会のメンバーは哲学者、文学者、メディア研究者、芸術家など多士済々。科学や文化を論じる知的サロンといった雰囲気があり、なかなか楽しかったのだが、数年たつうちにいつのまにか立ち消えになってしまった。

しかしその後、生命誌研究館の館長になられてからも、中村さんとのご縁は相変わらずつづいている。私はもともと人付き合いが苦手で、面白い方々と知り合いになっても長続きしないことが多いのだが、その後、生命誌研究館の顧問のような肩書を頂いたりして、中村さんとの交流は果てるという気がしない。これはなぜなのだろうか。たぶん最大の理由は、中村さんの主張される生命誌の理念と私が構築している基礎情報学の理念のあいだに、深い共通点があるからなのだ。

『自己創出する生命』というのは、中村さんの有名なご著書である。これは数多い生命科学啓蒙書のなかで最良のものの一つだ。ところで自己創出システムというのは、「オート（自己）」を「ポイエーシス（制作）」する存在で、これは「生物」に他ならない。基礎情報学が依拠するオートポイエーシス理論においては、生物は自分で自分自身をつくりだすオートポイエティック・システムであるととらえられ、それが生物の定義になっている。これにたいして、コンピュータのような機械は人間という他者が設計・制作し、しかも自分とは異なる出力をうみだすので、アロ（異物）ポイエティック・システムなのである。

断っておくが、生命誌の学問体系がいわゆるオートポイエーシス理論と直接つながっているのではない。それは正統な分子生物学をベースにしている。しかし、中村さんは、ワトソンやクリックと異なり、生物とは分子の化学で機械的に説明しきれないものだという確信をもっておられるのだと思う。DNA二重らせんモデルにもとづく遺伝情報の化学反応がいかに貴重な知見であるにせよ、生物個体をつくりだす「ゲノム」という遺伝子単位に着目しなくてはならない。生命現象の本質とは、ゲノムをつうじて創出する生物個体の、一回限りの生どうしが複雑にからみあって連綿と織りあげる物語（ヒストリー）のなかに潜むのではないか。そこにこそ、生命の普遍と多様という両面が時間の流れのなかで出現する鍵があるのではないか。

――生命誌研究館の活動を眺めていると、私にはそんなメッセージが響いてくる。そして、そういうメッセージは、私をふくめ分子生物学にそれほど詳しくない普通の日本人にとっても、直感的に理解しやすい。生きとし生けるもの全てのなかに尊い霊魂をみとめるのは、伝統的な日本人の生命観だからである。ゆえに、生命誌研究館の啓蒙活動は一般人のあいだで大きな支持と共感をえている。

とはいえ、それだけで十分なのだろうか。生命誌というアイデアは、さらに抜本的な広がりと鋭さをもつ理論的活動になりうる、と私は考えている。端的にはそれは、分子生物学の機械論そのものを根底から脱構築する可能性をもつのではないか……。

日本では、「生命／情報／機械」という三者を、有機的関係としてとらえなおす知があまりに乏しい。そしてすぐ、情報は機械によって形式的に処理可能だという西洋流の議論の前で平身低頭してしまう。たかが碁の名人に人工知能が勝ったくらいでマスコミが大騒ぎしているのはその証拠である。基礎情報学によれば、近いうちに人間より賢明な機械が出現することなどありえない。なぜなら、知の基盤をなす情報とは本来、生物が生きていくためのものであり、コンピュータは所詮その補助ツールにすぎないからだ。

中村さん、どうか百歳まで長生きされますように。そして、機械論を脱構築する新しい生物学研究の道筋を示していただけないでしょうか。

（にしがき・とおる／東京大学名誉教授　情報学）

# 生命誌と神話のあいだ

赤坂憲雄

わたしは講談社学術文庫に収められた、中村桂子さんの『生命誌とは何か』という本をくりかえし、大切に読んできた。中村さんにとっては、すでに旧著に属するのかもしれないが、たぶん基準線には揺らぎがないはずだ。わたしはそこから、生命誌の輪郭らしきものを受け取ってきた。拙著の『性食考』（岩波書店）のなかに、その一端はいささか乱暴なかたちで示してある。もしかすると、誤読を重ねた末の妄想のたぐいかもしれないとも思うが、それはそれで仕方がない。

なにしろこの本は、「人間とはおかしな生きもので、私とはなにか、私はどこから来てどこへ行くのか、ということが気になります」という一文とともに始まるのだ。最近はとりわけ、文学に近いところで仕事をしているから、つくづく人間って奴は「おかしな生きもの」だと、わたしも思う。しかし、理系の真っただ中の正統派の学者がそう言ってのける姿は、やはりじつに爽快なものだ。そして、この人の文章には思いがけず、そそられるのである。

中村さんはまた、「誤解を招くかもしれませんが」と断りながら、ついには「新しい神話をつくる必要がある」と宣言する。あるいは、みずからの生命誌について、「生命の歴史物語」を読みとる作業だと語っているのだ。中村さんはたしかに、生命誌を仲立ちとして、この地球で四十億年の歳月をかけて紡がれてきた生命をめぐる歴史語りを浮き彫りにしてゆく。その一端が、『生命誌とは何か』という本のなかに示されている。それは驚くべき知の冒険である。

わたしはじつは、いまの大学に移って以来、必要にも迫られてのことだが、神話と昔話についての勝手気ままな思索を重ねてきた。神話や昔話の魅力に、いま頃になって目覚めたなどと言えば、呆れられるにちがいないが、あえて隠し立てもしない。そして、まさしく初心者であるがゆえに、気がつくことがあり、思いがけぬ神話や昔話の解釈に辿り着くことがある。

たとえば、中村さんはいう、「生あるところに必ず死があるという常識は、私たちが二倍体細胞からできた多細胞だからです。本来、生には死は伴っていなかった。性との組み合わせで登場したのが死なのです」と。はじめて読んだときには、受けとめ損ねて、ただ茫然と立ちすくんだ。無性生殖では、同じ細胞がいわばコピーされて増えるだけであり、そこには細胞の死も、個体の死も存在しない、そう、説明されてみてはじめて、いくらかの納得が生まれた。その瞬間であった。わたしのなかで、あれか、あれじゃないか、という天啓のようなひらめきが走ったのだ。それは、日本の神話のなかにすでに書き込まれていたのではないか、と。

古事記の神代の巻には、まず「独神《ひとりがみ》」が登場してくるが、かれらには死がなく、ただ「身を隠したまひき」と語られているのである。死があきらかに確認されるのは、イザナキ＝男神とイザナミ＝女神が登場し、ミトノマグハヒ（結婚）して、イザナミがカグツチという火の神を産んで、ホトを火傷して死んだときだ。疑いもなく、日本神話においては、性を持たぬ独り神には死がなく、性や結婚とともに死がもたらされている。中村さんが描いた「生命の歴史物語」のひと齣そのままなのである。むしろ神話というテクストには、あらかじめ「生命の歴史物語」が書き込まれていたということではなかったか。

それらの神話を創った人々は、どうして生命誌といった二十一世紀の科学の知を知らずに、はるかな昔に生命そのものに書き込まれている歴史物語を知っていたのか。そうした問いの立て方には、きっと意味がない。にもかかわらず、神話的な想像力の射程というものには、不思議の念を抱かずにはいられない。たとえば、苦労して動物たちが取ってきた海底の泥から、人や動物や植物をはじめとして世界が造られることを語る神話は、世界中に見いだされるが、近年の生命の起源をめぐる先端研究が、生命の誕生の場所として注目しているのがほかならぬ「深海熱水噴出孔」であることを、どのように理解すべきなのか。神話の知はそれを知っていたのか。

中村桂子さんと、その生命誌はあきらかに、いま・ここに「新しい神話」を創造しようとしている。そう、わたしはひそかに考えてきた。生命誌と、神話や民話とを繋ぐこと。たとえ馬鹿げた妄想のように見えるとしても、わたしはそれを、知の遊びと知りながら、いや、だからこそいっそう生真面目に探究してみようと考えている。

（あかさか・のりお／学習院大学教授　民俗学）

## 中村さんとの〝大切な共通点〟

川田順造

『生命誌ジャーナル』二〇〇四年冬号に掲載された、中村桂子さんの私への訪問インタビュー記事「「生きもの」と「ヒト」と「人間」」の冒頭に、「著書や対談の記録を拝読し、是非お話を伺いたいと思いながら、正直ちょっと恐そうだなと躊躇していました。案の定、言葉にとても厳しい方でした。」とありますが、実際はこのインタビューの前に、短かったけれども、私は中村さんに何度かお会いしています。

主題も場所も時も忘れましたが、私が発言した公開シンポジウムをお聴き下さって、質問されたのが、きっかけでした。その後一九九三年に創刊された『生命誌ジャーナル』をいただいて拝読し、研究においても、組織力においても、凄い方だと畏敬の念を抱いていました。

湯河原のわが家においで下さっての対談では、何よりも中村さんのお人柄が親しみやすく、ゆっくりお話しするのが初めてと思えないくらい、くつろいだ、楽しい時を過ごしました。対談記録の全文は、「語る」が年間テーマだった『生命誌ジャーナル』二〇〇四年の冬号に、「「生きもの」と「ヒト」と「人間」」という題で掲載されていますので、いまここでは、中村さんのご研究における問題意識と、私のそれとをこの対談で比べて、大切な共通点が見出せたことを、かいつまんで、述べておきたいと思います。

何よりも、「ゲノム」を媒介としてあらゆる生命を共通の視野で見ようという中村さんの立場と、言葉を発するという行為も身体運動の、文化によって異なる条件付けによってなされるという、人間以外の生物とも連続する前提でとらえようとする私の立場との、根元での共通性に、感銘を受けました。私の提唱する〝文化の三角測量〟という、日本と西洋とアフリカを基点とする比較の視野で、自分の属する文化を絶対視しない方法とも、中村さんのお考えが響き合う面があると思いました。

モノに即して考える私が、アフリカから持ち帰ったヒョウタンのあれこれを、中村さんが手にとって興味深くご覧下さったことも、私にとって嬉しいことでした。中村さんも、抽象的な観念でニンゲンについて考えるのが、性《しょう》に合っていない点で、私も親和感を強く抱きました。ただ時間が限られていたため、そのヒョウタンで作った太鼓の音を媒介としてコトバを伝えるという、私のアフリカ研究の核心課題にまで、お話を進めてご意見を伺う時間がなかったことが、悔やまれます。

長年の試行錯誤のあと私が到達した結論は、〝太鼓コトバ〟は、太鼓の皮に触れる指先の感触で、コトバを発する技法だという、指先の感触と大脳の言語野との結びつきからも言える（ヘレン・ケラー女史も指先の感触から言語を習得しました）ことで、太鼓コトバが提起する問題群は、中村さんの生命誌のお考えとも、深く響き合うのではないかと思います。

それにしても、生命誌研究館を組織・運営し、あれだけ充実した『生命誌ジャーナル』を刊行し続けていらっしゃる、中村桂子さんご自身の生命力には、敬服というより驚嘆のほかはありません。学問の深化と専門化が進むにつれて、一般の理解からは遠ざかるだけでなく、学問自体も相互乗り入れの利点が活かしにくくなっている現在、「生命」という、研究における総合性が不可欠で、同時に一般の理解も大切な領域で、中村桂子さんのタフなお仕事が果たす役割の、希少な重要性は増すばかりです。

対談から十年経った二〇一四年に、中村さんは拙著『〈運ぶヒト〉の人類学』（岩波新書）のお心のこもった書評を、『毎日新聞』の「今週の本棚」に、書いて下さいました。

「生命」の問題は、専門家だけのものではありません。国境や人種を越えた、あらゆるヒトや、今生きているすべての生き物の、今日の、明日の課題です。中村桂子さんのお仕事に、文化をもった生物としてのヒトの研究に専心している、根源で志を同じくする私としても、心からの声援を送り続けたいと思います。

対談のあと、中村さんがメールでお寄せくださったお言葉を引用させていただくと、「私は人間、自然（生きもの）、人工の三角測量をしているつもりで、日本、アフリカ、ヨーロッパの三角測量と勝手に重ね合わせています。そこでは日本、アフリカ、ヨーロッパの自然との関わり合いが浮び上るように思っています」とおっしゃっています。

ただ、トランプ大統領の登場以来、世界に非寛容の精神がひろまり、次の世代に文化を受け渡してゆく私たちに、それなりの心構えが必要だという点でも私たちは共鳴しました。これはかなり長い電話での会話でしたが、お互いの子や孫の、現在・未来の姿にまで話は及びました。こういう話が、笑いごとではない時代に、私たちはさしかかっているのだと思います。

（かわだ・じゅんぞう／神奈川大学特別招聘教授　人類学）

# 人間味に惹かれる中村桂子さん

大石芳野

中村桂子さんから「うちの庭から富士山が見えるのよ」と聴いて胸が躍り、後日お訪ねした。都心のお住まいには多種多様の植物が植えてあり、それだけで嬉しくなる光景なのに、庭の向こうにはくっきりと富士山がある。浮世絵などによると富士山は近くに見えたようだけれど、高層ビルが立ち並ぶ現代、郊外ならともかく庭先に富士山という景色はめったにない贅沢といえる。近代化が進んで自然が遠くなり、都会化のなかで緑が蔑ろにされているから問題だと中村桂子さんは考えている。

彼女の家の近くに大きく立派なユリノキがそびえ立ち、その風格に私は魅了された。ところが、近くの集合住宅に引っ越してきた人が、「ユリノキを伐採してくれ」と。周囲の人たちは驚きながら尋ねると「風に舞った葉がベランダに落ちるから」と答えたという。ユリノキは春には新芽を出し、夏には青々とした葉が涼しさを与えてくれる。そのようにして長年にわたって住民に自然という恵みを与えてきた。

近年は一部の人かもしれないが落ち葉は邪魔だとか汚いと声高に言うようになった。夏の終わりにはほぼ毎年、樹木の生育のためという目的を超えて街路樹を伐採する行政が増えている。そういえば吉祥寺通りもその一例で、欅《けやき》の太い幹だけ残して丸刈りするから、電柱の横で大きな蠟燭が立ち並んでいるようだ。それでも欅は春になると新芽を出し、ネギ坊主のようになりながらも懸命に生きようと葉を茂らせる。その健気さに胸が詰まる思いだ。近代的で洒落た都会生活は自然を遠ざけることだと思う人が少なくないのかもしれない。それだけに中村桂子さんは力を込めて、植物や生物などとの共生と多様性、互いの違いの良さなどの大切さを、私にも解る言葉で語る。

中村桂子さんに初めてお会いしたのは雑誌のグラビア撮影で、当時勤められていた研究所を訪ねたときだった。かれこれ三〇年近く前になるだろうから若くて、しかも美しく、目を見張る思いがした。そうした華やかさの奥の、何か思い悩んでいるような……研究者特有の深く考え込んでいるような……影が印象に残った。

その後お会いしたのは、今のＪＴの研究館に移られてからだった。そして「生命誌」という言葉を中村桂子さんが考案し命名した。馴染みのない言葉だ。これは、あらゆる生きものは総て三八億年前に誕生したいのちに繋がっている生命の歴史だという発想だ。開いた扇のように根元から広がるように多種多様の生命があり、それぞれが進化し発展してきた。人間だけが扇の上にあるのではなく、動物も昆虫も植物もバクテリアもみな人間と同列にあると説く。近年、「生命誌」は広まり一般的にも認識されてきたけれど、当初は「目から鱗……」では済まされない身震いを感じたものだった。生命の根源から人間を考えると、戦争などしていられない。人間と核は共存できないのに、地球は今や大量の核に覆われている。それだけに、生命誌の意味は深い。

これらは彼女のたくさんの著作物でも著されているが、私が気になった書は『科学者が人間であること』(岩波新書)。タイトル通りの内容だ。なかでも宮沢賢治の愛読者の彼女から、今こそ賢治の作品に改めて学ぼう、というメッセージが伝わってくる。科学者が人間であることを忘れたら、専門の道に入り込んで世間が見えなくなって暴走してしまう、と説いている。

二〇一一年三月一一日の東日本大震災の大津波に類似した震災や災害が、宮沢賢治の時代に何度か起こって、大勢が亡くなった。人びとの苦悩や悲哀が続いた。「科学者が人間であること」を忘れた急速な開発により、津波だけに留まらない東電福島第一原発の事故となって、大量の放射性物質が拡散された。放射能に怯える福島や東北の津波の被災地を歩きながら、宮沢賢治が私のなかで反芻されていた。そうした頃だっただけに、彼女の著作に共感しつつ多くを教えられた。そして二〇一七年に発売された『いのち愛づる生命誌《バイオヒストリー》』(藤原書店)にも似たような思いを抱いた。とりわけ彼女の語り口のたおやかさには惹かれる。

彼女のたおやかさは家庭の育ちもあるだろうけれど、どこから湧いているのだろうか。「わたしは〝ふつう〟という言葉が好きなの」と私とお喋りをするなかで何度か聞いた。NHKラジオ深夜便の番組でも、「ふつうの子どもとして、アカマンマなどを採っておままごとをしていた」「ふつうの子だった」「ふつうに生きることは大事」と「ふつう」を重ねて話している。生命誌を発想して日本で初めて定着させた科学者だから、子どものころから植物や昆虫などが大好きだったのではないかと問われての答えだった。生命科学の分野で画期的な業績を築き上げるのは至難だろうから、決して「ふつう」ではないだろうが、彼女は人間として、女性として、妻として、母として当たり前に過ごしながら、研究を続けることができた。恵まれた環境を生かしながら、彼女の努力は並々ならなかったと思う。

友人というにはおこがましいが、私にとっての中村桂子さんは、人生の道標としての先輩で、何でも相談できる素敵なお姉さん的な存在だ。心惹かれる彼女が「わたしはふつうの人よ」と思っているから、私もお付き合いができるのかもしれない。

(おおいし・よしの／写真家)

ルになり、魔王《まおう》をやっつけてくれる。こんなことができたら、いじめっ子《こ》なんかこわくないのに……。孫悟空《そんごくう》はいいなあとうらやましがっている人《ひと》はたくさんいるだろうね。

残念《ざんねん》ながら人間《にんげん》では、ぷっとひと吹《ふ》きでかんたんに、というわけにもいかない。でも自分《じぶん》とそっくりおなじなかまをたくさんつくること――これをクローンというのだけれど――それは、できる。アフリカツメガエルというカエルのなかまで最初《さいしょ》にできたのだ。

分身の術――
1本1本の毛が、
それぞれ一人の悟空になる

## アフリカツメガエルで実験《じっけん》

1962年《ねん》、イギリスのガードンという人《ひと》が、ア

一生を水中ですごすアフリカツメガエル

フリカツメガエルで、クローンの実験《じっけん》をした。このカエルは一生《いっしょう》、水《みず》の中《なか》で暮《く》らすので飼《か》いやすく、よく実験《じっけん》に使《つか》われるんだ。

ガードンは、このカエルのなかまで、皮《ひ》ふが白《しろ》いカエルの腸《ちょう》の細胞《さいぼう》をガラスの入《い》れ物《もの》の中《なか》でふやし、その細胞《さいぼう》のまん中《なか》にあってたいせつな役目《やくめ》をしている核《かく》を細《ほそ》いガラス管《かん》で吸《す》いだした。

さて、いっぽう、別《べつ》の黒《くろ》いカエルの卵《たまご》を用意《ようい》し、その卵《たまご》からもまん中《なか》にある核《かく》を、ガラス管《かん》で吸《す》いだし、それは捨《す》ててしまった。核《かく》の中《なか》には、カエルが生《い》きていくのに必要《ひつよう》なゲノムDNA（75ページに説明《せつめい》）が入《はい》っているので、それをとられてしまった卵《たまご》は、もうオタマジャクシにはなれない。

そこで、核《かく》をとられてしまったかわいそうな黒《くろ》いカエルの卵《たまご》の中《なか》に、さっきとっておいた白《しろ》いカエルの腸《ちょう》の細胞《さいぼう》の核《かく》を入《い》れてやった。——少《すこ》し複雑《ふくざつ》なので、もう一度《いちど》読《よ》み返《かえ》してくれないかな。

読《よ》み返《かえ》したところで、クイズ。さて、そこでその卵《たまご》はどうなったかな。正《せい》解《かい》！（正解《せいかい》の人《ひと》が多《おお》いとうれしいな。）みごとにオタマジャクシになり、さらに育《そだ》って、腸《ちょう》の細胞《さいぼう》をとった白《しろ》いカエルとそっくりのカエルになったのだ。

腸《ちょう》の細胞《さいぼう》はたくさんあるので、核《かく》をとってしまった黒《くろ》いカエルの卵《たまご》をたくさん用意《ようい》して、その中《なか》へ、白《しろ》いカエルの腸《ちょう》の細胞《さいぼう》の核《かく》を一《ひと》つずつ、せっせと入《い》れたら、元《もと》の白《しろ》いカエルとそっくりのカエルがたくさん生《う》まれた。

ガラス管《かん》を使《つか》ったり、細胞《さいぼう》を育《そだ》てたり、科学者《かがくしゃ》はずいぶん苦労《くろう》したけれど、最《さい》初《しょ》の白《しろ》いカエルの分身《ぶんしん》、つまりクローンカエルができたというわけ。孫悟空《そんごくう》よりたいへんだったけど……。

これはDNA（遺伝子《いでんし》）のはたらきを研究《けんきゅう》するために行《おこ》なった実験《じっけん》で、むやみにやってはいけない。とくに人間《にんげん》ではけっしてやってはいけない約束《やくそく》になっていること、忘《わす》れないで。

# 体外受精《たいがいじゅせい》

## 受精卵《じゅせいらん》を育《そだ》てて再《ふたた》びもどす

おとぎ話《ばなし》の中《なか》で夢《ゆめ》のように語《かた》られていたことが、今《いま》、科学《かがく》の力《ちから》で現実《げんじつ》になってきている。その例《れい》の一《ひと》つとして孫悟空《そんごくう》の話《はなし》をしたので、つぎに、モモから生《う》まれた桃太郎《ももたろう》、タケから生《う》まれたかぐや姫《ひめ》たち、お母《かあ》さんのおなか以外《いがい》で育《そだ》つ赤《あか》ちゃんの話《はなし》を考《かんが》えてみよう。

瓜子姫《うりこひめ》、おやゆび姫《ひめ》……こういうお話《はなし》はたくさんある。いい子《こ》が欲《ほ》しいなあ、結婚《けっこん》するとたいていの人《ひと》はこう思《おも》う。きみのお父《とう》さん、お母《かあ》さんもそう願《ねが》ってきみが生《う》まれてきたんだね。でも、子《こ》どもがほしいと思《おも》っても、生《う》まれない人《ひと》もある。そんなとき、ヒョイと子《こ》どもにめぐまれたら、どんなに幸《しあわ》せだろうと思《おも》うその願《ねが》いが、桃太郎《ももたろう》やかぐや姫《ひめ》の話《はなし》になったのではないだろうか。

赤《あか》ちゃんは、お父《とう》さんの精子《せいし》とお母《かあ》さんの卵子《らんし》がいっしょになって——これを受精《じゅせい》という——できた受精卵《じゅせいらん》というものから出発《しゅっぱつ》してできあがる。受精卵《じゅせいらん》は、実《じっ》は一《ひと》つの細胞《さいぼう》。赤《あか》ちゃんの始《はじ》まりとなる細胞《さいぼう》だ。それがお母《かあ》さんのおなか（子《し》宮《きゅう》）の中《なか》で養分《ようぶん》を受《う》けとりながら、やがて二《ふた》つに分《わ》かれ、少《すこ》し大《おお》きくなって、つ

ぎには四《よっ》つになるというふうに分《わ》かれていく。

こうして増《ふ》えていった細胞《さいぼう》の中《なか》で、だんだん、ある部分《ぶぶん》は心臓《しんぞう》に、ある部分《ぶぶん》は皮《ひ》ふに、というように性質《せいしつ》が決《き》まっていき、受精《じゅせい》してから約《やく》8週間《しゅうかん》で体《からだ》の基本《きほん》ができる。あとは、お母《かあ》さんからもらう栄養分《えいようぶん》でどんどん大《おお》きくなり、280日《にち》くらいで生《う》まれてくるというわけだ。

ところで、受精《じゅせい》とその後《あと》に受精卵《じゅせいらん》が二《ふた》つ、四《よっ》つ、八《やっ》つと分《わ》かれていくところは、今《いま》では、お母《かあ》さんのおなか（子宮《しきゅう》）ではなくてガラスの容器《ようき》の中《なか》でもできる。これを体外受精《たいがいじゅせい》という。

八《やっ》つに分《わ》かれたところで、お母《かあ》さんのおなか（子宮《しきゅう》）にもどすと、あとは、ふつうとおなじに育《そだ》っていく。こうして生《う》まれた赤《あか》ちゃんが、すでにいるんだよ。

## 育《そだ》つのはお母《かあ》さんのおなか

体外受精《たいがいじゅせい》では、卵子《らんし》と精子《せいし》がガラスの容器《ようき》の中《なか》で出会《であ》うので、いぜんには、こうして生《う》まれた赤《あか》ちゃんを「試験管《しけんかん》ベビー」などとよんでいた。だから、かぐや姫《ひめ》がタケから生《う》まれてきたように、試験管《しけんかん》の中《なか》から赤《あか》ちゃんがでてくると思《おも》っている人《ひと》もいるようだけれど、そうじゃない。

ほ乳動物《にゅうどうぶつ》といって、お母《かあ》さんのお乳《ちち》を飲《の》んで育《そだ》つ動物《どうぶつ》のなかまは、お母《かあ》さんのおなかにある子宮《しきゅう》というところにいて、おへそを通《つう》じてお母《かあ》さんとつながっていないと、どうしても赤《あか》ちゃんになれないのだ。

「勉強《べんきょう》しなさい」っていうときのお母《かあ》さんはこわいけど、いくら科学《かがく》が進《すす》んだ今《いま》の世《よ》の中《なか》でも、お母《かあ》さんがいなければ、きみは生《う》まれなかった。人工子宮《じんこうしきゅう》の研《けん》究《きゅう》はされているけれど、とてもむずかしくて当分《とうぶん》できそうもない。

ところで、家畜《かちく》では、受精卵《じゅせいらん》をガラス容器《ようき》の中《なか》で分裂《ぶんれつ》させた後《あと》、それをバラバラにして、そこから子《こ》どもをつくることが行《おこ》なわれている。たとえば、お乳《ちち》をたくさんだすウシの受精卵《じゅせいらん》が四《よっ》つまたは八《やっ》つの細胞《さいぼう》に分《わ》かれたときにバラバラにして、それを一《ひと》つずつべつのメスのウシの子宮《しきゅう》に入《い》れてやる。

こうすると、お乳《ちち》のよく出《で》るウシの赤《あか》ちゃんがいちどに4頭《とう》、ときには8頭生《とうう》まれてくることになる。そこでよくばって、16、32、64とたくさん分《わ》かれたあとでバラバラにして、1個《こ》ずつから赤《あか》ちゃんをつくろうとしても、それはむり。

そのくらいまで分《わ》かれると、それぞれが心臓《しんぞう》や皮《ひ》ふなどいろいろな役割《やくわり》をもつ細胞《さいぼう》になる準備《じゅんび》をはじめてしまい、卵《たまご》の性質《せいしつ》はなくなってしまうからだ。生物《せいぶつ》はそう自由《じゆう》にはならないのだ。

# スーパーマウス

## 2種類《しゅるい》のネズミを使《つか》って実験《じっけん》

テストの点《てん》が悪《わる》かった日《ひ》は、家《いえ》に帰《かえ》ったとき、お母《かあ》さんに見《み》つからないように小人《こびと》になってそっと自分《じぶん》の部屋《へや》へもぐりこめたらいいのに、なんて思《おも》わない？大《おお》きくなったり小《ちい》さくなったりするお話《はなし》は、「一寸法師《いっすんぼうし》」や「ふしぎの国《くに》のアリス」。そこで、こんどは大《おお》きくなる話《はなし》をしよう（小《ちい》さくなる実験《じっけん》はないので）。

みんなの体《からだ》の成長《せいちょう》に、だいじな役割《やくわり》をしているのが成長《せいちょう》ホルモン。脳《のう》にある下《か》垂体《すいたい》というところでつくられて、体《からだ》のタンパク質《しつ》や骨《ほね》が増《ふ》えるのをたすけている。ところで、脳下垂体《のうかすいたい》で成長《せいちょう》ホルモンができるのは、その細胞《さいぼう》の中《なか》でホルモンをつくりなさいと命令《めいれい》をする遺伝子《いでんし》がはたらいているからだ、ということがわかっている。

そこで、科学者《かがくしゃ》はネズミを大《おお》きくしようと、次《つぎ》のような実験《じっけん》をした。はじめに、2種類《しゅるい》のネズミを用意《ようい》する。マウス（ハツカネズミ）とラット（実験用《じっけんよう》シロネズミ）。どちらも白《しろ》くてかわいいけれど、ラットのほうが大《おお》きい。

まず、ラットから成長《せいちょう》ホルモンをつくる遺伝子《いでんし》を取《と》りだしてそれを増《ふ》やす（じっさいの方法《ほうほう》はむずかしいのではぶく。もう少《すこ》し大《おお》きくなったら勉強《べんきょう》してね）。それを細《ほそ》いガラス管《かん》を使《つか》って、マウスの卵《たまご》の中《なか》に入《い》れた。入《い》れた、とかんたんにいったけれど、マウスの卵《たまご》は、直径《ちょっけい》が80ミクロンくらい。ミクロンというのは1ミリの千分《せんぶん》の1だからとてもとても小《ちい》さく、顕微鏡《けんびきょう》で見《み》ながらねらいをさだめて入《い》れるのはなかなかむずかしい。このときの実験《じっけん》では、170個《こ》の卵《たまご》に遺伝子《いでんし》を入《い》れて、その中《なか》からうまくいったのを選《えら》んだのだ。

## 2倍《ばい》ぐらいの大《おお》きさになる

ラットとよばれる大《おお》きなシロネズミからとった「成長《せいちょう》ホルモンをつくりなさい」という命令《めいれい》をもつ遺伝子《いでんし》を注射《ちゅうしゃ》したマウス（ハツカネズミ）の卵《たまご》を、前《まえ》に話《はな》した体外受精《たいがいじゅせい》のときとおなじように、お母《かあ》さんマウスのおなかの中《なか》にもどした。約《やく》3週間《しゅうかん》たって生《う》まれてきた赤《あか》ちゃんの大《おお》きさは、ふつうのマウスとほとんどおなじで、なんの変《か》わりもなかった。ちがってきたのはその後《あと》だ。生《う》まれてから十日《とおか》、二十日《はつか》とたつうちにぐんぐん大《おお》きくなっていった。ふつうのマウスといっしょに育《そだ》て、毎日体重《まいにちたいじゅう》をはかってくらべてみたら、最後《さいご》には約《やく》2倍近《ばいちか》く大《おお》きかった。

きみたちの体重《たいじゅう》はどのくらいかな。35キロ？　もう40キロ近《ちか》い人《ひと》もいるかもしれないね。40キロの2倍《ばい》は80キロ、巨人《きょじん》の原監督《はらかんとく》くらいだ。どんなにいっしょうけんめいごはんを食《た》べたって、きみが急《きゅう》に原監督《はらかんとく》になるのはむりだね。

でも、成長《せいちょう》ホルモンの遺伝子《いでんし》を入《い》れて、ホルモンをたくさんつくらせるとそれができる。2倍近《ばいちか》くなったマウスは、とびきり大《おお》きいマウスという意味《いみ》でスーパーマウスと呼《よ》ばれた。

じゃあ、ゾウの遺伝子《いでんし》を入《い》れたら、ゾウみたいに大《おお》きなマウスができるか。だれもそんな実験《じっけん》はやっていないけれど、それはむりだろう。実《じつ》は、2倍《ばい》に大《おお》きく

なったスーパーマウスの体《からだ》の中《なか》では、ふつうのマウスの800倍《ばい》もの成長《せいちょう》ホルモンがつくられていたのだけれど、大《おお》きさはせいぜい2倍《ばい》だった。生《い》きものの体《からだ》の中《なか》にはきっと、とんでもなくちがう大《おお》きさのものはできないようにするはたらきが備《そな》わっているのだと思《おも》う。猫《ねこ》より大《おお》きいネズミができちゃったら、猫《ねこ》が困《こま》るものね。

# キメラ

## いろいろな動物《どうぶつ》のまぜあわせ

今日《きょう》は怪獣《かいじゅう》の話《はなし》から始《はじ》めよう。怪獣《かいじゅう》ならまかせといてという人《ひと》がたくさんいそうだけれど、きょうの怪獣《かいじゅう》はみんなが好《す》きなゴジラやキングギドラとは少《すこ》しちがう。

ギリシャ神話《しんわ》の中《なか》にキメラという動物《どうぶつ》がでてくる。それは頭《あたま》がライオン、胴《どう》は

ギリシャ神話《しんわ》の「キメラ」

ヒツジ、しっぽはヘビというへんなものだ。おもしろいことに、これとよく似《に》た怪獣《かいじゅう》は、日本《にほん》のお話《はなし》の中《なか》にもでてくる。

むかし、天皇《てんのう》の家《いえ》の屋根《やね》で怪物《かいぶつ》がさわぎ、うるさくてしかたがないので、源《みなもとの》頼政《よりまさ》という強《つよ》い武士《ぶし》にたのんで、矢《や》で射《い》落《お》としてもらった。屋根《やね》からドサッと落《お》ちてきた怪物《かいぶつ》を組《く》みふしてみると、頭《あたま》はサル、胴体《どうたい》はタヌキ、手足《てあし》はトラ、しっぽはヘビで、トラツグミという鳥《とり》にそっくりの声《こえ》で鳴《な》いたのだそうだ。この怪《かい》獣《じゅう》の名《な》まえはヌエ。どんな動物《どうぶつ》か想像《そうぞう》して描《か》いてごらん。

キメラやヌエのような「まざり合《あ》い生物《せいぶつ》」は、お話《はなし》の中《なか》ではいくらでもつくれるけれど、実際《じっさい》にはいるはずがない。みんなそう思《おも》っているだろうね。もちろんヌエみたいなおかしな動物《どうぶつ》はつくれない。でも、まざり合《あ》い生物《せいぶつ》はできるんだ。その例《れい》を二《ふた》つお話《はな》ししよう。

最初《さいしょ》は、またまたマウスの登場《とうじょう》。マウス（ハツカネズミ）というと、白《しろ》くて小《ち》さいのがかごの中《なか》でチョロチョロしているようすを思《おも》いうかべるけれど、マウスのなかまには黒《くろ》いのや、黄色《きいろ》っぽいのもいる。まざり合《あ》い生物《せいぶつ》をつくる実験《じっけん》では、黒《くろ》いマウスと白《しろ》いマウスを使《つか》った。

まず、黒《くろ》いマウスどうし、白《しろ》いマウスどうしの精子《せいし》と卵《らん》をいっしょにしてできた受精卵《じゅせいらん》が二《ふた》つ、四《よっ》つ、八《やっ》つとわかれてきたら、そのあたりでこんなことをする。黒《くろ》いマウスの卵《たまご》――八《やっ》つくらいまでわかれたものは胚《はい》とよぶのだけれど――と、白《しろ》いマウスの卵《たまご》をガラス容器《ようき》の中《なか》でまぜ合《あ》わせるんだ。

## 生《う》まれるけれど一代《いちだい》かぎり――キメラマウス

まず、八《やっ》つの細胞《さいぼう》に分《わ》かれた白《しろ》いマウスの胚《はい》と黒《くろ》いマウスの胚《はい》を両方《りょうほう》ともそれぞれバラバラにする。これを一《ひと》つのガラスの容器《ようき》に入《い》れるのだ。すると、黒《くろ》いマウスの細胞《さいぼう》と白《しろ》いマウスの細胞《さいぼう》がいっしょになって、一《ひと》つのかたまりができる。細胞《さいぼう》には色《いろ》がついていないけれど、もしついていたら、ちょうどサッカーボールのように黒《くろ》と白《しろ》のまじりあったかたまりになっているはずだ。これを、お母《かあ》さんのおなかに入《い》れてやる。二《ふた》つの胚《はい》のまざったかたまりは、お母《かあ》さんマウスのおなかでみごとに育《そだ》ち、子《こ》どもが生《う》まれた。

ところで、生《う》まれてびっくり。そのマウスはそれまでだれも見《み》たことがないようすをしていた。ちょうどシマウマみたいに白《しろ》に黒《くろ》のしまが入《はい》っていたんだ。この実験《じっけん》に初《はじ》めて成功《せいこう》した、アメリカのミンツさんがその写真《しゃしん》を発表《はっぴょう》したときは、みんなおどろいた。

でも、これは魔法《まほう》でもなんでもない。科学《かがく》の力《ちから》で、白《しろ》のお父《とう》さんとお母《かあ》さん、黒《くろ》のお父《とう》さんとお母《かあ》さん、合計《ごうけい》4ひきの親《おや》から1ぴきのマウスをつくることができたわけだ。こういうマウスを、ギリシャ神話《しんわ》の中《なか》のまざり合《あ》い生物《せいぶつ》、キメラの名《な》まえをとって、キメラマウスとよぶ。もし日本人《にほんじん》がこの実験《じっけん》を最初《さいしょ》にやっていたら、ヌエマウスと名《な》づけたかも知《し》れないね。

キメラマウスは、ちゃんとおとなになって子《こ》どもをつくることができる。でも、そこから生《う》まれてきた子《こ》どもはもうシマウマ型《がた》ではない。どうしてって、卵《たまご》の細《さい》胞《ぼう》は、黒《くろ》いマウスの細胞《さいぼう》か白《しろ》いマウスの細胞《さいぼう》しかないんだもの。だから子《こ》どもは黒《くろ》か白《しろ》というわけ。キメラは一代《いちだい》かぎりなんだ。

## ヤギとヒツジをまぜあわせる――キメラヤツジ?

黒白《くろしろ》のしまのキメラマウス。これは自然《しぜん》にはない人工《じんこう》の生物《せいぶつ》だけれど、まぜたのは黒《くろ》いマウスと白《しろ》いマウスでおなじなかまどうしだ。お話《はなし》にでてくるまざり合《あ》い生物《せいぶつ》のキメラやヌエは、ライオンとヒツジとか、サルとタヌキというように、ちがった動物《どうぶつ》がいっしょになっている。ほんとうにそんなものができるのかな。

いくらなんでもサルとタヌキはむりだけれど、ヤギとヒツジならできるんだ。イギリスの雑誌《ざっし》の表紙《ひょうし》にのったおかしな動物《どうぶつ》を見《み》てほしい。ヤギの顔《かお》をしているのに、ヒツジのようなくねくねと曲《ま》がった角《つの》がはえ、かたやもものあたりにもヒツジとしか思《おも》えない、くるくるっとまいたふさふさの毛《け》が生《は》えている。

これをつくったイギリスの科学者《かがくしゃ》は、キメラマウスのときとおなじように、ヤギとヒツジの胚《はい》をまぜ合《あ》わせたのだけれど、マウスどうしのときにくらべると、かなりむずかしかったようだ。

でも、なんとかくふうしてまぜた胚《はい》をお母《かあ》さんのおなかに入《い》れた。この場合《ばあい》のお母《かあ》さんはヒツジかな、それともヤギかな？　実《じつ》は、ヒツジでもヤギでもいい。とにかく、40ぴきのお母《かあ》さんに胚《はい》を入《い》れたところ、そのうち26ぴきからめでたく赤《あか》ちゃん誕生《たんじょう》。のこりの14ひきは、ざんねんながらとちゅうで死《し》んでしまった。

イギリスの雑誌「ネイチャー」の表紙にのった、ヤギとヒツジのキメラ

26ぴきの赤《あか》ちゃんをならべて顔《かお》や体《からだ》をよくよく調《しら》べてみると、14ひきはどうみてもヒツジ、4ひきはヤギだった。のこる8ぴきが問題《もんだい》のキメラ。それもよく見《み》ると、一見《いっけん》ヤギ風《ふう》2ひき、ヒツジ風《ふう》6ぴき。こうしてちがう生物《せいぶつ》の間《あいだ》

のキメラが初《はじ》めて生《う》まれた。でも、マウスのときにも説明《せつめい》したように、この動物《どうぶつ》――ヤツジとでもよぶのかな――の子《こ》どもはヤギかヒツジのどちらかで、キメラにはならない。やはり、キメラは一代《いちだい》かぎり、そのほうが安心《あんしん》だね。

# 細胞培養《さいぼうばいよう》

## 十分《じゅうぶん》な栄養《えいよう》と薬品処理《やくひんしょり》で可能《かのう》

きょうは「花咲《はなさ》かじいさん」と「サルカニ合戦《かっせん》」でいこう。〝ここ掘《ほ》れワンワン〟と、お金《かね》のありかを教《おし》えてくれた愛犬《あいけん》ポチがいじわるじいさんにころされ、その死《し》がいをうめた所《ところ》に生《は》えてきた木《き》でつくった臼《うす》も燃《も》やされてしまったかわいそうなおじいさん。でも、臼《うす》が燃《も》えてできた灰《はい》をパッとまいたらみごとに花《はな》が咲《さ》いて、お殿《との》さまからごほうびをいただいた。そういえば、サルカニ合戦《かっせん》のカニがサルにもらったカキの種《たね》を、「早《はや》く芽《め》をだせ。ださぬとハサミでチョン切《ぎ》るぞ」とおどしたら、すぐに芽《め》がでて、カキの木《き》がぐんぐん育《そだ》ったね。そして赤《あか》い大《おお》きな実《み》がなった。ざんねんながら、にくらしいサルに食《た》べられてしまったけれど。

きれいな花《はな》、おいしい果物《くだもの》や野菜《やさい》をできるだけ早《はや》くつくりたい。そういう夢《ゆめ》も、今《いま》、少《すこ》しずつ現実《げんじつ》になっている。

植物《しょくぶつ》は動物《どうぶつ》とちがって、枝《えだ》を切《き》っても、また生《は》えてくるね。アジサイなんか、葉《は》っぱを1まい地面《じめん》にさしておけば、そこから新《あたら》しい木《き》の芽《め》が出《で》てくる。それでは、葉《は》っぱを半分《はんぶん》に切《き》ったらどうだろう。もっと小《ちい》さくできないかな。

実《じっ》はそういう実験《じっけん》をした人《ひと》がいる。アジサイではなく、ニンジンなんだけれど、ニンジンの小《ちい》さな切《き》れはしをバラバラにして、1個《こ》ずつの細胞《さいぼう》に分《わ》けてしまった。

そして、その細胞《さいぼう》1個《こ》を栄養分《えいようぶん》のたっぷり入《はい》った寒天《かんてん》の中《なか》で育《そだ》てた。すると、すごーい！　その細胞《さいぼう》はどんどん増《ふ》え、薬《くすり》でちょっと処理《しょり》すると、そこから芽《め》がではじめた。

## 植物《しょくぶつ》だとかんたんにできる

たった1個《こ》の細胞《さいぼう》から出発《しゅっぱつ》して増《ふ》えて、ついに出《で》てきた芽《め》は、畑《はたけ》のニンジンとおなじように、葉《は》っぱがのび、根《ね》が太《ふと》くなって、りっぱな赤《あか》いニンジンになった。

1個《こ》の細胞《さいぼう》は20分《ぶん》の1ミリくらいしかない。ということは、一辺《いっぺん》が1ミリの立方体《りっぽうたい》をニンジンから切《き》り取《と》ると、その中《なか》には1万個《まんこ》くらいの細胞《さいぼう》があるということになるね。立方体《りっぽうたい》の体積《たいせき》は、たて×横《よこ》×高《たか》さだから、もし一辺《いっぺん》を1センチにすれば1000万個《まんこ》くらいになる。つまり、小《ちい》さなサイコロくらいのニンジンの切《き》れはしがあれば、こんなにたくさんのニンジンができることになる。

だれだ、ニンジンなんて大《だい》きらいだから、そんなにたくさんできちゃこまるなあなんていってるのは。ちょっと考《かんが》えてごらん。このニンジンは、もとは1本《ぽん》から出《で》てきたなかまだよ。もとのニンジンの分身《ぶんしん》ともいえる。こういうのをなんとよぶんだっけ。そう、クローン。これはクローンニンジンというわけ。このように植物《しょくぶつ》の場合《ばあい》は、動物《どうぶつ》よりもずっとかんたんにクローンができる。そもそもクローンという言葉《ことば》は「さし木《き》」という意味《いみ》なんだって。

最近《さいきん》、数《かず》が減《へ》ってこまっていたヤマユリを、細胞《さいぼう》に栄養《えいよう》をあたえてふやすことに成功《せいこう》した。山《やま》のほうまで家《いえ》がたくさんたつようになると、いろいろな植物《しょくぶつ》が減《へ》ってしまうけれど、こういう方法《ほうほう》で救《すく》うことができるんだ。

植物《しょくぶつ》の場合《ばあい》、葯《やく》というおしべの先《せん》たんの花粉《かふん》がついているところに栄養《えいよう》をあたえることによっても、もとの植物《しょくぶつ》をつくることができる。今《いま》、果物屋《くだものや》さんの店先《みせさき》にならんでいるイチゴ、とくにつぶが大《おお》きくそろったのはそうしてつくったものだ。ちょっと高《たか》い花《はな》でめったに買《か》えないけれど、ランもそうだよ。

今《いま》に、もっといろいろな野《や》菜《さい》や果物《くだもの》、花《はな》がこの方法《ほうほう》でつくられるようになるだろう。

## 細胞融合《さいぼうゆうごう》

### 2種類《しゅるい》の細胞《さいぼう》をくっつける

1個《こ》の細胞《さいぼう》から出発《しゅっぱつ》して、りっぱなおとなに生長《せいちょう》する植物《しょくぶつ》の性質《せいしつ》を利用《りよう》して、とてもおもしろいことができる。

まずジャガイモの細胞《さいぼう》とトマトの細胞《さいぼう》を用意《ようい》する。植物《しょくぶつ》の細胞《さいぼう》はいちばん外側《そとがわ》がかたい壁《かべ》でおおわれているので、それをこわす酵素《こうそ》——生物《せいぶつ》の体《からだ》をつくっている物質《ぶっしつ》が分解《ぶんかい》するのを助《たす》けるはたらきをもっているタンパク質《しつ》——をはたらかせて壁《かべ》をとってしまう。

　こうしてはだかにすると、細胞《さいぼう》はみんなまあるくなるんだ。そこで、はだかにしたトマトの細胞《さいぼう》とジャガイモの細胞《さいぼう》をいっしょにガラス容器《ようき》の中《なか》に入《い》れて、そこにポリエチレングリコールという薬品《やくひん》を入《い》れる。すると、ふしぎやふしぎ。トマトの細胞《さいぼう》とジャガイモの細胞《さいぼう》がなかよくくっついて、しかもだんだんそのさかいがなくなり、いっしょになってしまう。そして、1個《こ》の細胞《さいぼう》のようになってしまうんだ。これを、少《すこ》しむずかしい言葉《ことば》だけれど、細胞融合《さいぼうゆうごう》という。

　こんなことがふだん起《お》きたらこまるね。野菜《やさい》サラダをつくったとき、トマトもキュウリもレタスもみんなまじってしまったら、

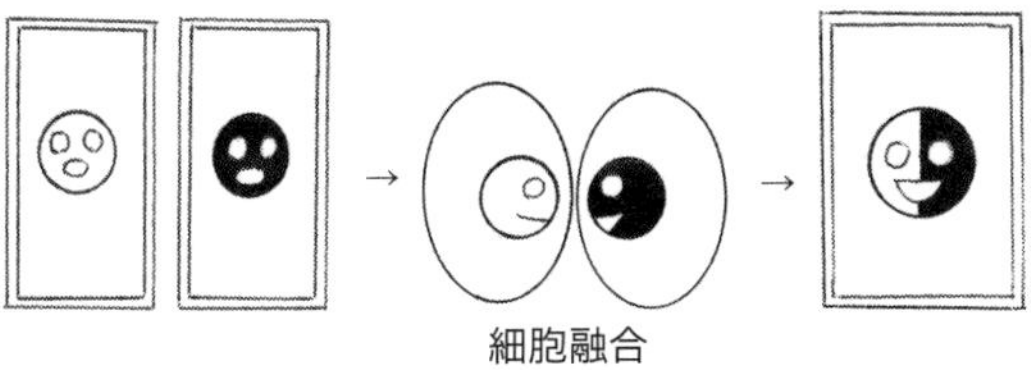

細胞融合

トマトとジャガイモから生れた
「ポマト」の実
photo: Jonas Ingold

おかしな味《あじ》になってしまうものね。ふつうは、ちがう種類《しゅるい》の植《しょく》物《ぶつ》の細胞《さいぼう》が一体《いったい》になってしまうなどということはないけれど、ちょっとくふうするとそういうことができる。

　こうしてトマトとジャガイモが一体《いったい》になった細胞《さいぼう》1個《こ》を、ニンジンのときとおなじように育《そだ》てたら、やっぱり芽《め》がでてちゃんと育《そだ》ったんだ。トマトとジャガイモ（ポテト）からできたのでポマトって名《な》まえがつけられた。この植物《しょくぶつ》、上《うえ》にはトマトがまっ赤《か》にうれて、地下《ちか》にはジャガイモがどっさりとはいかなかったけれど、それぞれ小《ちい》さな実《み》はなった。

## 寒《さむ》さに強《つよ》いトマトをつくる

ポテトとトマトの細胞融合《さいぼうゆうごう》でつくったポマトは、たしかに実《み》はなったけれど、これでトマトとジャガイモの両方《りょうほう》を収穫《しゅうかく》できるわけではない。植物《しょくぶつ》は、太陽《たいよう》の光《ひかり》のエネルギーを利用《りよう》して自分《じぶん》で栄養分《えいようぶん》をつくれるのだが、一日《いちにち》に当《あ》たる光《ひかり》の量《りょう》は決《き》まっている。

だからせっせとトマトのほうへ養分《ようぶん》をおくれば、ジャガイモのほうは栄養不足《えいようぶそく》。ジャガイモがかわいそうと、そちらへサービスすればこんどはトマトが育《そだ》たないだろう。けっきょく、ちゅうとはんぱになってしまう。「二兎《にと》を追《お》うものは一兎《いっと》を得《え》ず」という言葉《ことば》を知《し》っているね。あれもこれもはやっぱりむりなんだね。勉強《べんきょう》もピアノもサッカーも、というのは、なかなかむずかしいものね。

ただ、ポマトはこんなことには役立《やくだ》つだろうと考《かんが》えられている。トマトといえば、あたたかいところでできる野菜《やさい》。ジャガイモは、ぎゃくに北海道《ほっかいどう》のような寒《さむ》いところが好《す》きだ。

もし、寒《さむ》さに強《つよ》いトマトや暑《あつ》くてもよく育《そだ》つジャガイモがあったら便利《べんり》だと思《おも》わないかい。冬《ふゆ》でも温室《おんしつ》なしでトマトが育《そだ》てられる。でも、トマトのなかまはどれも寒《さむ》さに強《つよ》い性質《せいしつ》をもっていないんだ。そこでジャガイモからその性質《せいしつ》をいれてやりたいのだけれど、ざんねんながらトマトとジャガイモはかけ合《あ》わせができない。

ところが、ポマトとトマトならかけ合《あ》わせられるんだ。だいぶトマトに近《ちか》くなっているからね。そこでまず、ジャガイモとトマトの細胞融合《さいぼうゆうごう》で寒《さむ》さに強《つよ》いポマト

をつくり、つぎにこのポマトとトマトをかけ合《あ》わせればめでたく、きみみたいな〝寒《さむ》さに負《ま》けない強《つよ》いトマト〟ができるはずだ。残念《ざんねん》ながらまだ成果《せいか》は出《で》ていないけれど、〝シベリアで育《そだ》つトマト〟を考《かんが》えてみたいね。

# まとめ

## 医学《いがく》の発達《はったつ》に重要《じゅうよう》な役《やく》わり

クローンカエル、ヒツジとヤギのキメラ、スーパーマウス……、どれも、おとぎ話《ばなし》の中《なか》にでてくるときは〝おもしろそう〟ですむけれど、そういうものを人間《にんげん》の手《て》で実際《じっさい》につくれるということになると、それだけではすまない。つくったものについては、自分《じぶん》で責任《せきにん》をもつことが必要《ひつよう》になってくる。だから、おもしろ半《はん》分《ぶん》で無責任《むせきにん》にそういう生物《せいぶつ》をつくってはいけないね。

では、科学者《かがくしゃ》はどうしてクローンやキメラをつくったり、細胞《さいぼう》を融合《ゆうごう》させてポマトをつくったりしたのだろう。それにはちゃんと理由《りゆう》がある。その一《ひと》つは、こういう新《あたら》しい技術《ぎじゅつ》で、今《いま》まではとけなかった問題《もんだい》がとけるということだ。

たとえば、キメラマウスを使《つか》った実験《じっけん》にこんなのがある。白《しろ》いマウスと茶色《ちゃいろ》のマウスの胚《はい》——受精卵《じゅせいらん》が少《すこ》し育《そだ》ったものだね——とをまぜるかわりに、白《しろ》いマウスの胚《はい》に褐色《かっしょく》のマウスにできたがんの細胞《さいぼう》をまぜたんだ。そうして、これをお母《かあ》さんマウスのおなかに入《い》れて赤《あか》ちゃん誕生《たんじょう》を待《ま》った。

そこに生《う》まれてきた子《こ》どもは……たしかにシマのマウスだった。でも体《からだ》じゅうのどこをさがしてもがんの細胞《さいぼう》は見《み》つからなかった。褐色《かっしょく》の毛《け》がちゃんとはえているけれど、そこはがんではなかったんだ。

とてもふしぎなことに、そして、とてもすばらしいことに、がんの細胞《さいぼう》がもとのまともな細胞《さいぼう》に戻《もど》ったとしか考《かんが》えられない。

おそろしい病気《びょうき》のがん。これをなおすために世界中《せかいじゅう》の科学者《かがくしゃ》やお医者《いしゃ》さまが努《ど》力《りょく》をして、いろいろな方法《ほうほう》をためしている。〝キメラの中《なか》では、どうしてがんの細胞《さいぼう》が正常《せいじょう》な細胞《さいぼう》に戻《もど》ったのか〟——これを研究《けんきゅう》すれば、がんをなおすよい方法《ほうほう》が見《み》つかるかもしれないね。

## 自然《しぜん》の調和《ちょうわ》をこわさないで

ポマトの話《はなし》やキメラの例《れい》でわかったように、新《あたら》しい生物《せいぶつ》の研究《けんきゅう》から生《う》まれた技《ぎ》術《じゅつ》はじょうずに使《つか》えば、とてもおもしろいことがわかるし、役《やく》にもたつ。

みんなも知《し》っていると思《おも》うけれど、今《いま》、世界中《せかいじゅう》に、食《た》べもの不足《ぶそく》で、やせほそっている子《こ》どもがたくさんいる。森《もり》がだんだんへって木《き》の上《うえ》や草《くさ》むらで楽《たの》しくくらしていた動物《どうぶつ》たちがすみかを失《うしな》い、いっぽう、砂漠《さばく》は増《ふ》えている。宇宙《うちゅう》にはたくさんの星《ほし》があるけれど、今《いま》のところ、水《みず》があって生物《せいぶつ》がすんでいることがわかっている星《ほし》は、地球《ちきゅう》しかない。

宇宙船《うちゅうせん》から見《み》た地球《ちきゅう》は、青《あお》く美《うつく》しい星《ほし》だったけれど、もし人間《にんげん》がこの地球《ちきゅう》をたいせつにしなければ、今《いま》に生物《せいぶつ》のいない死《し》んだ星《ほし》になってしまうかもしれない。

せっかくの美《うつく》しい星《ほし》、そんなことにはしたくない。そのために新《あたら》しい生物《せいぶつ》の技術《ぎじゅつ》を使《つか》って、栄養価《えいようか》の高《たか》い作物《さくもつ》や砂漠《さばく》でも育《そだ》つ木《き》をつくったりして、新《あたら》しい地球《ちきゅう》づくりをすることがたいせつだ。

水の大部分を失った中央アジアのアラル海

だから、人間《にんげん》が手《て》をくわえて新《あたら》しい生物《せいぶつ》をつくるときには、これまで自然《しぜん》がつくりあげてきた調和《ちょうわ》をくずさないように、しんちょうに考《かんが》えなければならない。環境《かんきょう》を守《まも》るつもりでつくりだした新《あたら》しい生物《せいぶつ》が、ぎゃくにこれまでの自然《しぜん》の調《ちょう》和《わ》をこわすようなことになったらたいへんだからね。

研究《けんきゅう》をしたり、新《あたら》しい技術《ぎじゅつ》をつくる能力《のうりょく》をもっているのは人間《にんげん》だけなんだ。だから、もっとよく生物《せいぶつ》のことを知《し》り、本当《ほんとう》に役《やく》にたつ技術《ぎじゅつ》を考《かんが》えだして、地球《ちきゅう》をたいせつにするのは人間《にんげん》の義務《ぎむ》だと思《おも》う。お話《はなし》はおもしろく読《よ》めばよいのだけれど、それが科学《かがく》や技術《ぎじゅつ》になったら、人間《にんげん》が責任《せきにん》をもって使《つか》わなくてはね。

# 4　なぜ？　どうして？

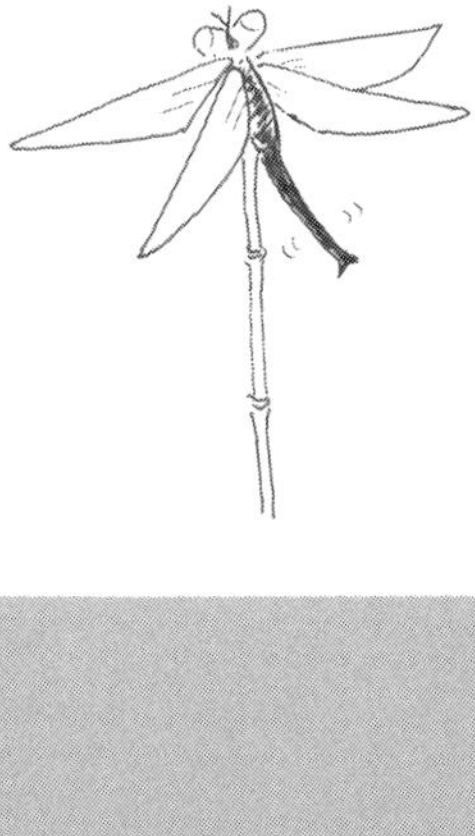

# 最初《さいしょ》の生《い》きものは、どういうふうにして生《う》まれたの？

生《い》きものって、自動車《じどうしゃ》やテレビとちがって、人間《にんげん》にはつくれません。両親《りょうしん》がいないと生《う》まれてきません。けれど、ではその両親《りょうしん》はどうしているのって考《かんが》えると、またその両親《りょうしん》がいるという答《こた》えが出《で》てきます。こうしてずーっとさかのぼっていくと、「いちばん最初《さいしょ》はどうだったの？」という質問《しつもん》が出《で》ますね。

最初《さいしょ》の生《い》きものには、親《おや》はいませんでした。

地球《ちきゅう》はおよそ46億年前《おくねんまえ》に生《う》まれました。そのときは生《い》きものはいません。約《やく》40億年前《おくねんまえ》に海《うみ》ができて、海《うみ》の中《なか》で38億年《おくねん》ぐらい前《まえ》に最初《さいしょ》の生《い》きものが生《う》まれたと考《かんが》えられています。
最初《さいしょ》の生《い》きものは見《み》えないぐらい小《ちい》さい、たった一《ひと》つの細胞《さいぼう》だったんです。今《いま》生《い》きているものでは、バクテリアがそうです。1000分《ぶん》の1ミリくらいの大《おお》きさしかありません。ですから、けんび鏡《きょう》でなければ見《み》えないのです。

　これがどのようにして生《う》まれたかは、まだわかっていません。生《い》きものの始《はじ》まりについては、今研究中《いまけんきゅうちゅう》です。たとえば深《ふか》い海《うみ》の底《そこ》に熱水《ねっすい》の出《で》ているところがあり、そこにさまざまな物質《ぶっしつ》があることがわかってきました。そんなところで生《う》まれたのかもしれません。

　生《い》きものが生《う》まれるためには、それをつくる材料《ざいりょう》とた

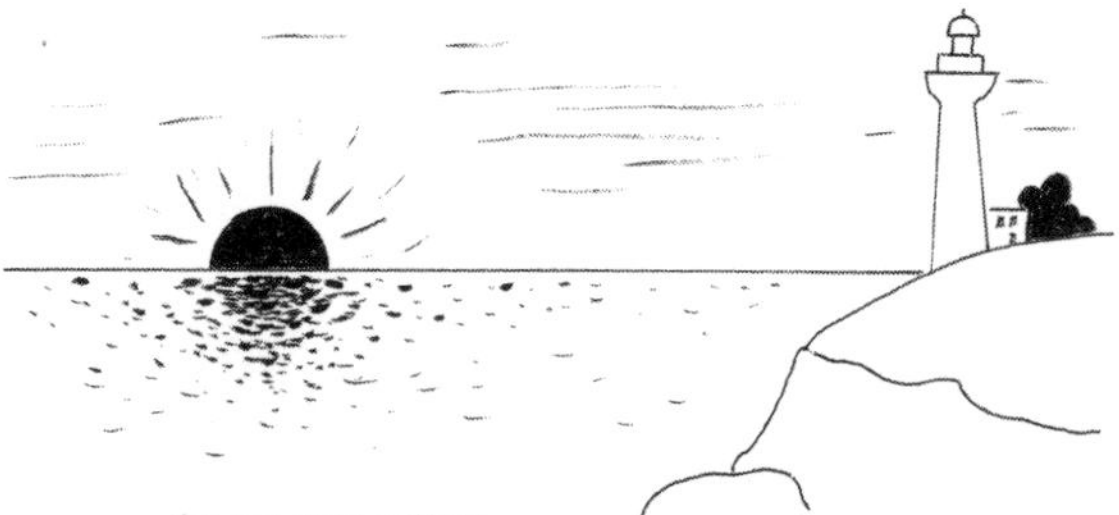

海はいのちの故郷

くさんのエネルギーが必要《ひつよう》なので、そのような場所《ばしょ》が生命誕生《せいめいたんじょう》を支《ささ》えたのではないかと考《かんが》えられるのです。

目《め》に見《み》えない小《ちい》さな生《い》きものが、目《め》に見《み》えるような大《おお》きさの生《い》きものになるには、20億年以上《おくねんいじょう》の長《なが》い時間《じかん》をかけて、進化《しんか》ということがおきて、だんだん複雑《ふくざつ》なものになってきたのです。最初《さいしょ》に生《う》まれた生《い》きものはとても小《ちい》さい、一《ひと》つの細胞《さいぼう》でした。

# 恐竜《きょうりゅう》が祖先《そせん》だという動物《どうぶつ》は現在《げんざい》もいますか？

恐竜《きょうりゅう》が大好《だいす》きなんですね。でも恐竜《きょうりゅう》って、残念《ざんねん》ながらほろびちゃったのよね。本物《ほんもの》がいたら楽《たの》しいだろうけれど。

最近《さいきん》になって、恐竜《きょうりゅう》は鳥《とり》につながっていることがわかってきました。恐竜《きょうりゅう》は今《いま》いないから、化石《かせき》で調《しら》べるしかありませんね。最近《さいきん》、鳥《とり》のように羽毛《うもう》がついた恐竜《きょうりゅう》の化石《かせき》が、中国《ちゅうごく》で見《み》つかりました。それがきっかけで研究《けんきゅう》が進《すす》み、鳥《とり》につながっているということがわかってきたんです。恐竜《きょうりゅう》の化石《かせき》に見《み》られる羽《う》毛《もう》は、飛《と》ぶためというより、体《からだ》を暖《あたた》めるためだったと考《かんが》えられます。

よかったですね、完全《かんぜん》に絶滅《ぜつめつ》したんじゃなくて、今《いま》につながっていて。

それともう一《ひと》つ、スズメなど、巣《す》をつくって子育《こそだ》てするのが鳥《とり》の特徴《とくちょう》ですね。恐竜《きょうりゅう》の化石《かせき》の中《なか》に、卵《たまご》や子《こ》どもが巣《す》に入《はい》っているものが見《み》つかったの。

その化石《かせき》を見《み》ると、子《こ》どもたちがみんな一《ひと》つの方向《ほうこう》を見《み》てるのね。そしてその先《さき》に、お母《かあ》さん恐竜《きょうりゅう》の化石《かせき》が見《み》つかったの。だから、どうもこの子《こ》どもたちはお母《かあ》さんのほうを見《み》ていたんだろうというので、恐竜《きょうりゅう》も巣《す》で子育《こそだ》てしていたのではないかといわれるようになりました。これも鳥《とり》とつながってるらしいところです。

それから最近《さいきん》、恐竜《きょうりゅう》はまわりの温度《おんど》にあわせて体温《たいおん》がかわる変温動物《へんおんどうぶつ》ではなくて、自分《じぶん》で体温《たいおん》をつくれる恒温動物《こうおんどうぶつ》であり、動《うご》きが活発《かっぱつ》だったんじゃないかと、いわれています。

決定的《けっていてき》なのは、呼吸《こきゅう》のしかたです。わたしたちは横隔膜《おうかくまく》で肺《はい》を押《お》し上《あ》げたり、下《さ》げたりして、中《なか》の空気《くうき》を出《だ》したり入《い》れたりしています。これですと、全部《ぜんぶ》の空《くう》

中国で発見された羽毛恐竜の一種、
シノサウロプテリクスの化石

気《き》が入《い》れかわらないので、効率《こうりつ》が悪《わる》いのです。

鳥《とり》は、肺《はい》の前《まえ》と後《あと》に大《おお》きな袋《ふくろ》があり、吸気《きゅうき》はまず後《あと》の袋《ふくろ》に入《はい》って、肺《はい》を通《とお》り、前《まえ》の袋《ふくろ》へと移《うつ》りますから、古《ふる》い空気《くうき》が新《あたら》しい空気《くうき》とまじりません。効率《こうりつ》がよい。だから鳥《とり》は空気《くうき》のうすい高《たか》いところも飛《と》べます。

恐竜《きょうりゅう》も鳥《とり》とおなじ方法《ほうほう》で、効率《こうりつ》よく呼吸《こきゅう》していたことがわかりました。まだ研《けん》究《きゅう》途中《とちゅう》ですけれど、恐竜《きょうりゅう》が鳥《とり》につながっている可能性《かのうせい》がとても高《たか》くなってきたんです。

恐竜《きょうりゅう》も、人《ひと》とおなじようにDNAをもっています。DNAは、あらゆる生《い》きものがもっていて、しかも、どの生《い》きものにも、どこかおなじところがあるの。それをくらべると、生《い》きものたちの関係《かんけい》がわかります。

恐竜《きょうりゅう》がもっていたDNAと、鳥《とり》がもっているDNA、それから人間《にんげん》がもっているDNA、この中《なか》にはおなじ部分《ぶぶん》がありますよ。これを調《しら》べてくらべてみると関《かん》係《けい》がわかってくるでしょう。まだまだわからないところがたくさんあって、研《けん》究《きゅう》を待《ま》っています。

きみは科学者《かがくしゃ》になってくれるかな？

## はじめの人間《にんげん》はだれですか？

今《いま》わかっているのは、人間《にんげん》はアフリカで生《う》まれたということです。いちばん最初《さいしょ》の人《ひと》をさがす方法《ほうほう》は、化石《かせき》をさがすことです。化石《かせき》って知《し》っていますか？

いちばん古《ふる》い化石《かせき》をさがすんです。現在《げんざい》、いちばん古《ふる》いと思《おも》われる化石《かせき》は、東《とう》京大学《きょうだいがく》の諏訪元先生《すわげんせんせい》が1992年《ねん》にアフリカで見《み》つけたもので、アルディピテクス・ラミダスと名《な》づけられています。約《やく》440万年前《まんねんまえ》にアフリカの、今《いま》のエチオピアあたりに住《す》んでいたようです。

諏訪先生《すわせんせい》はアフリカの土《つち》の上《うえ》を歩《ある》いて、骨《ほね》をさがしているのですけれど、最初《さいしょ》に見《み》つけたのは、なんと歯《は》だったんですって。広《ひろ》い広《ひろ》いところで小《ちい》さな歯《は》を見《み》つけるなんて、すごいですよね。

その後体《あとからだ》の骨《ほね》が見《み》つかって、440万年前《まんねんまえ》の人《ひと》がどういう人《ひと》だったかわかってきています。

わたくしはその骨《ほね》のコピーを組《く》み立《た》てて再現《さいげん》したラミダス人《じん》に、東京大学総合研究博物館《とうきょうだいがくそうごうけんきゅうはくぶつかん》で会《あ》ってきました。とてもかわいらしかったですよ。

人間《にんげん》の祖先《そせん》はチンパンジーの祖先《そせん》のように森《もり》に住《す》んでいたのですが、森《もり》を出《で》て暮《く》らすようになり、チンパンジーたちと別《べつ》の進化《しんか》を始《はじ》めました。でも、諏訪先生《すわせんせい》によると、ラミダス人《じん》は夜《よる》ねるときは森《もり》に帰《かえ》っていたらしいんです。そして、昼《ひる》間《ま》は森《もり》の外《そと》で活動《かつどう》していたことがわかってきているようです。ただ、残念《ざんねん》ながらラミダス人《じん》は滅《ほろ》びてしまいました。

その後《あと》にも、さまざまな人類《じんるい》が生《う》まれましたが、ぜんぶ滅《ほろ》びて、わたしたち、つまりホモ・サピエンスだけになってしまいました。ネアンデルタール人《じん》はわたしたちの祖先《そせん》といっしょに暮《く》らしていた時代《じだい》があり、わたしたちの中《なか》にはネアンデルタール人《じん》のDNAが混《ま》じっていることもわかってきました。

わたしたちの直接《ちょくせつ》の祖先《そせん》は20万年《まんねん》くらい前《まえ》に、やはりアフリカで生《う》まれたなかまで、クロマニョン人《じん》と呼《よ》ばれます。

440万年前《まんねんまえ》のラミダス人《じん》よりもっと古《ふる》い人間《にんげん》が、これからまだ見《み》つかるかもしれません。* いちばん古《ふる》い人間《にんげん》はどこにいたのか、いっしょうけんめい調《しら》べているところなんです。興味《きょうみ》があるなら、将来《しょうらい》、あなたも研究《けんきゅう》してみてはどうかしら。

＊骨格全体《こっかくぜんたい》が見《み》つかっている最古《さいこ》としてラミダス人《じん》をあげましたが、最近《さいきん》、700万《まん》年《ねん》から600万年前《まんねんまえ》、つまりチンパンジーと分《わ》かれた頃《ころ》の地質《ちしつ》にヒト族《ぞく》らしい頭骨《とうこつ》（サヘラントロプス）が発見《はっけん》されたと2002年《ねん》に報告《ほうこく》されました。

# どうして人間《にんげん》だけ頭《あたま》がよくなったの？

地球上《ちきゅうじょう》にいるさまざまな生《い》きものの中《なか》で、人間《にんげん》のとくちょうは、2本《ほん》の足《あし》で立《た》ち上《あ》がって歩《ある》くようになったことですね。ちょっと考《かんが》えてみてください。たとえば、犬《いぬ》の背骨《せぼね》は地面《じめん》と並行《へいこう》ですよね。だから、犬《いぬ》の頭《あたま》は首《くび》だけで支《ささ》えなければいけないでしょう。

ところが、人間《にんげん》はまっすぐな背骨《せぼね》の上《うえ》に首《くび》が乗《の》っていますから、体全体《からだぜんたい》で頭《あたま》をしっかり支《ささ》えられます。そのおかげで、頭《あたま》が大《おお》きくなれたのね。

そして、頭《あたま》の中《なか》にある脳《のう》が大《おお》きくなりました。とくに、いろいろものを考《かんが》える大脳《だいのう》という部分《ぶぶん》が大《おお》きくなったので、人間《にんげん》は考《かんが》えることが得意《とくい》になりました。しかも、手《て》が自由《じゆう》でしょう？　だから、手《て》を使《つか》って道具《どうぐ》を使《つか》ったり、機械《きかい》をつくったり、いろいろなことができますね。

それから、言葉《ことば》が話《はな》せるのも、まっすぐな首《くび》の構造《こうぞう》によって得《え》た力《ちから》です。大《おお》きな脳《のう》と、自由《じゆう》な手《て》と、言葉《ことば》が話《はな》せること。これによって、人間《にんげん》はほかの生《い》きものにはできない、文化《ぶんか》や文明《ぶんめい》をつくりました。

ところで、よく考《かんが》えてみたら、人間《にんげん》はチーターのように走《はし》るのが速《はや》くないし、鳥《とり》みたいに飛《と》べない、お魚《さかな》のように泳《およ》げないでしょう。そういう意味《いみ》で「人間《にんげん》は走《はし》るのも飛《と》ぶのもじょうずじゃないから、頭《あたま》や手《て》を使《つか》って、車《くるま》や飛行機《ひこうき》をつくって、くふうして生《い》きていきなさいね」っていわれているように、わたくしには思《おも》えるのね。

ほかの生物《せいぶつ》たちがそれぞれの能力《のうりょく》を使《つか》っていっしょうけんめい生《い》きている中《なか》で、

人間《にんげん》は頭《あたま》をじょうずに使《つか》っていくことになったわけです。他《ほか》の生《い》きものも、それぞれの能力《のうりょく》をいかしてじょうずに生《い》きていることを忘《わす》れてはいけません。

人間《にんげん》は他《ほか》の生《い》きものがつくれない機械《きかい》をつくったりできますけれど、人間《にんげん》が人《にん》間《げん》のことだけ考《かんが》えて行動《こうどう》すると、自然《しぜん》をこわしたりしてしまうことがありますよね。

人間《にんげん》のかしこさはいかしていかなくてはいけないけれど、人間《にんげん》だけがえらいわけではありません。

ほかの生《い》きもののすばらしさを知《し》り、だいじにすることも、人間《にんげん》にとってたいせつなことです。

それが本当《ほんとう》のかしこさだと思《おも》います。

## 地球人《ちきゅうじん》が白人《はくじん》や黒人《こくじん》にわかれているのはなぜ？

今《いま》きみがいった「地球人《ちきゅうじん》」、いい言葉《ことば》ですね。地球人《ちきゅうじん》なんですよ、わたくしたちは。まず、現在生《げんざいい》きている人間《にんげん》はたった一種類《いっしゅるい》、「ホモ・サピエンス」とよばれるものだけなの。

肌《はだ》の色《いろ》が黒《くろ》かったり白《しろ》かったりしても、細胞《さいぼう》の中《なか》にあるDNA（ゲノム）を調《しら》べると、どの人《ひと》もみんなおなじなかまであることがわかり、ヒトは一種類《いっしゅるい》だっていうことがはっきりしました。

チョウには、いろいろな種類《しゅるい》がいますね。アゲハチョウ、モンシロチョウ、シ

ジミチョウ、いっぱいいます。その中《なか》でもわかれていて、チョウは2万種類近《まんしゅるいちか》く
いるんですって。

そういうふうに、ほかの生《い》きものたちにはいろいろな種類《しゅるい》があるんだけれど、人間《にんげん》はたった一種類《いっしゅるい》なの。これはとてもだいじなことなんですよ。

たとえば、キリンはアフリカだけにいるでしょう？　でも、ヒトは一種類《いっしゅるい》なのに世界《せかい》じゅうに住《す》んでいます。暑《あつ》いところにも寒《さむ》いところにも住《す》んでいますね。

そうすると、暑《あつ》いところではお日《ひ》さまが強《つよ》いから、体《からだ》を守《まも》るために肌《はだ》の色《いろ》が黒《くろ》いほうがいいですね。寒《さむ》いところではお日《ひ》さまが弱《よわ》いから、肌《はだ》が白《しろ》いほうがいい。そのほうが生《い》きていくのにつごうがいいからそうなっていますけれど、基本《きほん》は変《か》わらないの。

見《み》かけはちがうけれど、種《しゅ》としてはみんなおなじです。あなたが最初《さいしょ》にいった「地球人《ちきゅうじん》」という言葉《ことば》はとてもいい言葉《ことば》で、一種類《いっしゅるい》のなかまが地球全体《ちきゅうぜんたい》に広《ひろ》がっ

たのです。

そう考《かんが》え、住《す》むところにつごうがいいように、ちょっと肌《はだ》の色《いろ》が変《か》わっているだけなんだ、おなじなかまなんだ、と思《おも》ってください。

# 赤《あか》ちゃんは、足《あし》があるのにどうして歩《ある》かないんですか？

犬《いぬ》や馬《うま》などは、生《う》まれたらすぐ立《た》ち上《あ》がって歩《ある》きますね。少《すこ》しよたよたするけれど、でも歩《ある》きます。

実《じつ》は、人間《にんげん》はじゅうぶん育《そだ》たないうちに、1年《ねん》くらい早《はや》めに生《う》まれているのです。その理由《りゆう》の一《ひと》つは、人間《にんげん》は頭《あたま》がとっても発達《はったつ》していて大《おお》きいからです。いろいろなことを考《かんが》えるには、頭《あたま》が大《おお》きい必要《ひつよう》がありますね。でも、お母《かあ》さんから生《う》まれてくるとき、産道《さんどう》を通《とお》るのに、頭《あたま》があんまり大《おお》きくなってからだと、じょうずに生《う》まれてくることができません。そこで、人間《にんげん》は少《すこ》し早《はや》めに生《う》まれるんです。だから、そのぶんまだ歩《ある》けないの。1年《ねん》くらいたつと、歩《ある》けるようになるでしょう？

もう一《ひと》つ理由《りゆう》があるといわれています。人間《にんげん》の赤《あか》ちゃんは上《うえ》を向《む》いて、とってもゆったりと、静《しず》かにねていますね。実《じつ》は、ほかの動物《どうぶつ》で上向《うえむ》きでゆっくりねているものはいません。そんなことをしていたら、ほかの動物《どうぶつ》がおそってきたとき、すぐにげられないでしょう。

でも人間《にんげん》は、お母《かあ》さんやお父《とう》さんや、まわりの人《ひと》がみんなだいじにしてくれて、まもってくれるから、そうやってゆっくり上《うえ》を向《む》いてねられるようになったのです。

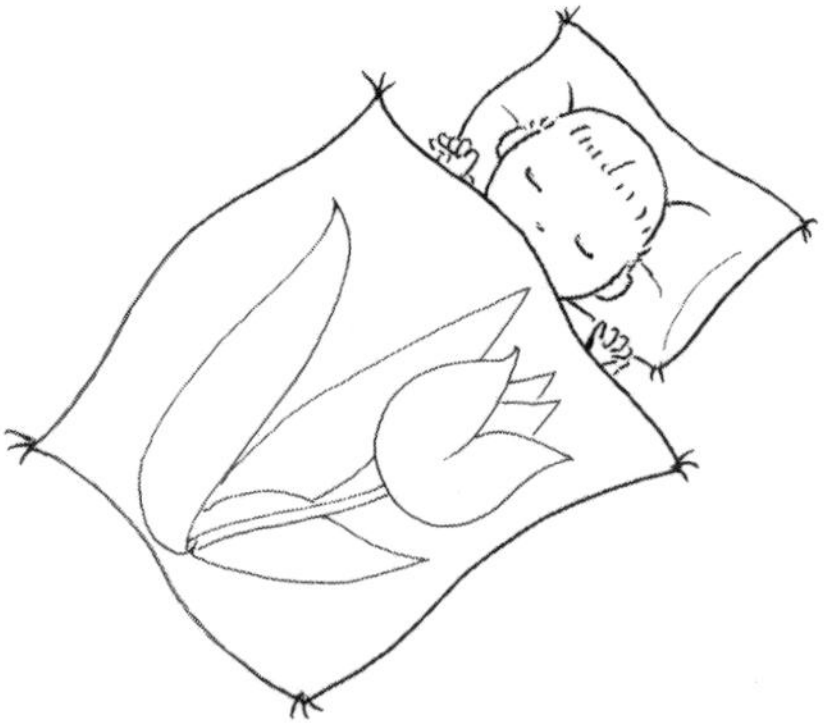

あおむけに寝られるって
幸せなことなんだなあ

ほかの生《い》きものたちのように、すぐにげないとあぶない、ということがないから、人間《にんげん》の赤《あか》ちゃんはゆっくりねて、ゆっくり育《そだ》っていけるようになったのです。幸《しあわ》せですね。

# なぜ人《ひと》の一生《いっしょう》の長《なが》さは、それぞれちがうんですか？

人間《にんげん》は１２０年《ねん》くらい生《い》きられる可能性《かのうせい》があると考《かんが》えられています。今《いま》、世界《せかい》一平均寿命《いちへいきんじゅみょう》が長《なが》いのは香港《ほんこん》の女性《じょせい》、次《つぎ》が日本《にほん》の女性《じょせい》で、約《やく》87歳《さい》ですって。みんなそのくらいまで元気《げんき》に生《い》きられるといいですね。

残念《ざんねん》ながら、全員《ぜんいん》がそこまで生《い》きられるとはかぎりません。亡《な》くなる理由《りゆう》の一《ひと》つは事故《じこ》ですね。それから、病気《びょうき》です。

病気《びょうき》のなりやすさには、その人《ひと》のもっている遺伝子《いでんし》がかかわっています。遺伝《いでん》子《し》は生《い》きもののいろいろな性質《せいしつ》を決《き》めるもので、ＤＮＡという物質《ぶっしつ》です。今《いま》では一人《ひとり》の人《ひと》のもつDNAを全部《ぜんぶ》調《しら》べられますので、ある人《ひと》がどんな遺伝子《いでんし》をもっているかがわかるようになりました。遺伝子《いでんし》にはいろいろなはたらき方《かた》があって、その人《ひと》がどんな体質《たいしつ》か、どんな病気《びょうき》になりやすいかも、遺伝子《いでんし》を調《しら》べるとわかります。一《ひと》つの遺伝子《いでんし》でなく多数《たすう》がかかわってのことですけれど。

しかも、ある遺伝子《いでんし》があると、それで必《かなら》ずある病気《びょうき》になる、と決《き》まるわけではありません。寿命《じゅみょう》が決《き》まってしまうわけでもありません。どんなものを食《た》べているか、規則正《きそくただ》しく食《た》べているか、ちゃんと運動《うんどう》しているかなど、暮《く》らし方《かた》で遺伝《いでん》子《し》のはたらき方《かた》がちがってきて、病気《びょうき》のなりやすさも変《か》わってきます。

遺伝子《いでんし》は先祖《せんぞ》からうけついできたもので、それぞれ決《き》まっていますけれど、わたくしたちがちゃんとした暮《く》らしをして、事故《じこ》にあわないように、ケガや病気《びょうき》をしないようにすれば長生《ながい》きできます。病気《びょうき》になっても早《はや》く見《み》つけてなおすことがだいじです。暮《く》らし方《かた》に気《き》をつけて、健康《けんこう》に、長生《ながい》きしましょうね。

人《ひと》のいのちと動物《どうぶつ》のいのちはおなじですか？
むかし人間《にんげん》はサルだった、と聞《き》いたのですが。

人間《にんげん》とサルは似《に》ているところが多《おお》いけれど、人間《にんげん》がサルだったことはありません。実《じっ》は、人間《にんげん》とサルには共通《きょうつう》の祖先《そせん》がいて、そこでつながっているのです。ほかの動物《どうぶつ》についても調《しら》べていくと、人間《にんげん》との共通《きょうつう》の祖先《そせん》がいます。このように、いのちはずっとつながっているので、いのちのたいせつさはおなじだと思《おも》います。

あなたはどう思《おも》っていましたか。人間《にんげん》とほかの動物《どうぶつ》をくらべて、人間《にんげん》のほうがたいせつと思《おも》っている人《ひと》が多《おお》いのではないかな、と思《おも》います。たしかにちがいはあります。サルはサルだし、人間《にんげん》は人間《にんげん》だし、犬《いぬ》は犬《いぬ》。それぞれの生《い》き方《かた》はみんなちがいます。

でも、それぞれがべつべつな生《い》き方《かた》をしているという意味《いみ》ではちがうけれど、いのちをもっているというところで考《かんが》えたら、みんなおなじですね。しかもさいしょに話《はな》したように、研究《けんきゅう》をしたら、生《い》きものの祖先《そせん》をたどっていくと、すべての生《い》きものがつながっていて、38億年前《おくねんまえ》に生《う》まれた祖先《そせん》にもどり、みんなそこから進化《しんか》してきたなかまだ、ということがわかったのです。

このようにみんなつながっているのだから、いのちのたいせつさはみんなおなじって、そう考《かんが》えられないかしら。それぞれみんなちがうけど、基本《きほん》のところではいのちはおなじで、そのたいせつさはおなじ。ちがうけどおなじ、おなじだけどちがうと考《かんが》えられないかな。

そうじゃない、という声《こえ》がきこえてきそうですね。犬《いぬ》や馬《うま》と人間《にんげん》はちがうって。

ここで犬《いぬ》の気持《きも》ちになってみましょう。犬《いぬ》にとっての犬《いぬ》のいのちのたいせつさと、人間《にんげん》にとっての人間《にんげん》のいのちのたいせつさはおなじだって思《おも》えないかしら。そこがだいじなの。それぞれの生《い》きものにとって、それぞれのいのちはたいせつなのだと思《おも》ったうえで、でもぼくは人間《にんげん》だからどうしても人間《にんげん》のいのちをいちばんたいせつに思《おも》うんだよ、と考《かんが》えたらどうかしら。他《ほか》の生《い》きものに勝手《かって》だなあといわれそうだけれど、自分《じぶん》をだいじと思《おも》う気持《きも》ちはありますよね。

人間《にんげん》の場合《ばあい》、ほかの生《い》きものにくらべてたくさんの道具《どうぐ》を発明《はつめい》し、お料理《りょうり》をして楽《たの》しく食事《しょくじ》をするなど、ほかの生《い》きものができないことができます。お料理《りょうり》の材料《ざいりょう》はお店《みせ》で買《か》ってくるので、生《い》きものであることを忘《わす》れてしまうけれど、実《じつ》はそのとき、ほかのたくさんの生《い》きものと同《おな》じように、ほかの生《い》きもののいのちをいただいているわけね。いのちはたいせつだから生《い》きものをぜったい殺《ころ》しちゃいけないと決《き》めつけると、自分《じぶん》が生《い》きられなくなっちゃいます。

だいじなのは、いのちのたいせつさを思《おも》いながら食《た》べること。それがいのちをたいせつにすることだと考《かんが》え、いのちはそれぞれちがうけれど、たいせつさはおなじ、ということも考《かんが》えてほしいのです。

これはとってもむずかしい問題《もんだい》なので、考《かんが》えつづけてください。きっといろいろな答《こた》えが出《で》てくると思《おも》います。

## なぜむかしから人《ひと》は死《し》んだら星《ほし》になるといわれているんですか？

おばあさんが亡《な》くなったときに、お母《かあ》さんが「おばあさんは星《ほし》になったのよ」とおっしゃったのね。お母《かあ》さんの気《き》持《も》ち、よくわかります。でも、ここは「科学《かがく》電話相談《でんわそうだん》」だから、科学《かがく》で考《かんが》えてみますね。

地球《ちきゅう》にいる生《い》きものたちは、38億《おくねん》年くらい前《まえ》に地球《ちきゅう》の海《うみ》の中《なか》で生《う》まれたんです。そして、わたくしたちの体《からだ》はみんな、地球《ちきゅう》にあるいろいろな物質《ぶっしつ》でできています。地球《ちきゅう》は宇宙《うちゅう》の中《なか》の一《ひと》つの星《ほし》です。最初《さいしょ》なにもなかったところに宇宙《うちゅう》ができて、星《ほし》が生《う》まれた。その中《なか》の一《ひと》つが地球《ちきゅう》なのね。そこで宇宙《うちゅう》を調《しら》べてみると、わたくしたちの体《からだ》をつくっているのとおなじ物質《ぶっしつ》が、遠《とお》くの宇宙《うちゅう》にもいっぱいあるということがわかってきたの。

まず、地球《ちきゅう》のまわりで考《かんが》えてみます。ものを燃《も》やすと、二酸化炭素《にさんかたんそ》が出《で》て空中《くうちゅう》に広《ひろ》がり、その二酸化炭素《にさんかたんそ》をとりいれて植物《しょくぶつ》が成長《せいちょう》しますよね。その植物《しょくぶつ》を食《た》べて動物《どうぶつ》が生《い》きている。このように物質《ぶっしつ》は生《い》きもの、地球《ちきゅう》、宇宙《うちゅう》のあいだを回《まわ》っています。宇宙全体《うちゅうぜんたい》で考《かんが》えても物質《ぶっしつ》は回《まわ》っています。

ずーっと大《おお》むかしに爆発《ばくはつ》してできた宇宙《うちゅう》の中《なか》で地球《ちきゅう》が生《う》まれ、地球《ちきゅう》をつくる物《ぶっ》質《しつ》からわたくしたちの体《からだ》が生《う》まれたのですから、遠《とお》くのお星《ほし》さまをつくっているものも、わたくしたちの体《からだ》をつくっているものもおなじで、それがグルグル回《まわ》ってつながっているといえます。

そう考《かんが》えると、おばあさんがお星《ほし》さまになったというのは、科学《かがく》で考《かんが》えてもそんなにまちがったことじゃないと思《おも》うの。

宇宙《うちゅう》とわたくしたちの体《からだ》は、つながっているんですもの。だからわたくしは、きっとおばあさんはお星《ほし》さまになったといってもいいと思《おも》うのよ。今《いま》のような科《か》学《がく》をふまえたうえでね。

それともう一《ひと》つ、遠《とお》くに生《い》きものがいる星《ほし》があるかもしれないということも、このごろわかってきました。今《いま》、科学者《かがくしゃ》はそれを探《さが》しています。そんなことを考《かんが》えると、遠《とお》くにある星《ほし》とわたくしたちって、ほんとうにつながってるんだなあと思《おも》えますね。

星《ほし》をながめながら、おばあさんのことを思《おも》い出《だ》してください。

# どうやってサルから人間《にんげん》になったの？

どうしてサルから人間《にんげん》になったって思《おも》ったのかな。動物園《どうぶつえん》でおサルさんをずーっと見《み》ていたら、おサルさんが人間《にんげん》になるかな？

なりませんね。今《いま》いる生《い》きものはどれも、サルはずっとサルだし、猫《ねこ》はずっと猫《ねこ》、人間《にんげん》はずっと人間《にんげん》なのよ。長《なが》い長《なが》い時間《じかん》がたつと、サルが少《すこ》し変化《へんか》するかもしれないけれど、今《いま》の人間《にんげん》に変《か》わるということはありません。

大《おお》むかし、６００〜７００万年《まんねん》も前《まえ》に、チンパンジーと人間《にんげん》の共通《きょうつう》の祖先《そせん》である動物《どうぶつ》がいたの。それがどういう動物《どうぶつ》だったかわからないけれど、人間《にんげん》にもチンパンジーにもちょっとずつ似《に》ていたでしょうね。

その動物《どうぶつ》がもとになって、木《き》の枝《えだ》がわかれるように、いっぽうは人間《にんげん》へ、もういっぽうはチンパンジーへとわかれていったの。だから、今《いま》いる生《い》きものの中《なか》でいちばん人間《にんげん》に近《ちか》いのはチンパンジーです。

だけど、チンパンジーが人間《にんげん》になるということはありません。ずっとずっと、700万年《まんねん》もむかしには、チンパンジーにも人間《にんげん》にもなれる生《い》きものがいた。それはおサルさんのなかまでした。

お母《かあ》さんがおっしゃったことを、今研究《いまけんきゅう》でわかっていることで説明《せつめい》すると、そうなります。

# 生《い》きもののいのちには、なぜ限《かぎ》りがあるんですか？

またむずかしい質問《しつもん》をしてくれましたね。わたくしも、なぜだろうなぁと思《おも》います。人間《にんげん》だけでなく、身《み》のまわりの生《い》きもののいのちには、それぞれ決《き》まった長《なが》さがありますね。これを寿命《じゅみょう》といいます。

でも、地球《ちきゅう》で初《はじ》めて生《う》まれた生《い》きものに近《ちか》いと思《おも》われるバクテリアは、大《おお》きくなると体《からだ》が二《ふた》つに分《わ》かれて、数《かず》をふやしていくのね。分《わ》かれた二《ふた》つは両方《りょうほう》とも生《い》きていきます。ですからこういう増《ふ》えかたをする生《い》きものには、寿命《じゅみょう》はありません。だから、最初《さいしょ》は寿命《じゅみょう》がなかったといえます。

その後《あと》、だんだん進化《しんか》をしていくうちに、オスとメスの区別《くべつ》がある生物《せいぶつ》が出《で》てきて、子《こ》どもたちが新《あたら》しい個体《こたい》として生《う》まれ、親《おや》は死《し》ぬようになりました。寿《じゅ》命《みょう》ができたのです。

じゃあ、寿命《じゅみょう》はなにで決《き》まっているかというのは研究中《けんきゅうちゅう》で、本当《ほんとう》の答《こた》えはまだ研究者《けんきゅうしゃ》にもわかっていません。

でも、わたくしたちの体《からだ》をつくっている細胞《さいぼう》は、体《からだ》の中《なか》で分裂《ぶんれつ》できる回数《かいすう》が限《かぎ》られていることはわかっています。細胞《さいぼう》の中《なか》にあるDNAの端《はし》にあるテロメアと呼《よ》ばれる部分《ぶぶん》が分裂《ぶんれつ》のたびに短《みじか》くなり、ある長《なが》さになるともう分裂《ぶんれつ》できなくなるのです。細胞《さいぼう》に寿命《じゅみょう》があることも一《ひと》つの原因《げんいん》かもしれません。

それから、線虫《せんちゅう》という小《ちい》さな生《い》きもので、寿命《じゅみょう》を決《き》める遺伝子《いでんし》が見《み》つかっています。この遺伝子《いでんし》だけですべてが決《き》まるというわけではありませんが、この遺伝《いでん》子《し》で寿命《じゅみょう》をのばすこともできるんです。人間《にんげん》ではそのような遺伝子《いでんし》は見《み》つかっていませんけれど。

遺伝子《いでんし》はＤＮＡという物質《ぶっしつ》ですから、紫外線《しがいせん》やある種《しゅ》の化学物質《かがくぶっしつ》などのはたらきで少《すこ》しずつこわれ、はたらかなくなることもわかっています。生《い》きるために必《ひっ》要《よう》な遺伝子《いでんし》がこわれることも、生《い》きられなくなる原因《げんいん》になりますね。このようないろいろなことが重《かさ》なり合《あ》って、生《い》きられなくなるのです。

人間《にんげん》は約《やく》１２０歳《さい》まで生《い》きられる、と考《かんが》えられています。寿命《じゅみょう》はまだ調《しら》べることがたくさんありますから、あなたが研究者《けんきゅうしゃ》になってくれるとうれしいな。とってもだいじな研究《けんきゅう》ですよ。

## これからも動物《どうぶつ》は進化《しんか》するんですか？

動物《どうぶつ》だけでなく、生《い》きものはいつも進化《しんか》しています。

「遺伝子《いでんし》」って知《し》っていますか？

生《い》きものの性質《せいしつ》は、遺伝子《いでんし》が決《き》めていますね。遺伝子《いでんし》はあまり変化《へんか》してはこまるのだけれど、紫外線《しがいせん》や放射線《ほうしゃせん》に当《あ》たったり、増《ふ》えるときにまちがったりして少《すこ》しずつ変《か》わるの。それで生《い》きものは進化《しんか》してきました。今《いま》も遺伝子《いでんし》の変化《へんか》は起《お》きているし、これからも起《お》きていきます。だから、進化《しんか》は続《つづ》くでしょう。

ただ、そういう変化《へんか》には、長《なが》い時間《じかん》がかかります。外《そと》から見《み》てわかる変化《へんか》には、何百万年《なんびゃくまんねん》もの長《なが》い時間《じかん》がかかることがあるのね。

それから、環境《かんきょう》の大《おお》きな変化《へんか》があったときに、生《い》きものは進化《しんか》します。たとえば、6500万年前《まんねんまえ》に大《おお》きな隕石《いんせき》が地球《ちきゅう》に落《お》ちて、恐竜《きょうりゅう》がほろびました。そうしたらその後《あと》、わたくしたちのなかまのほ乳類《にゅうるい》が急《きゅう》に増《ふ》えて、進化《しんか》してきたのよね。

最近《さいきん》わかってきたことですが、約《やく》22億年前《おくねんまえ》と約《やく》6億年前《おくねんまえ》に、地球全体《ちきゅうぜんたい》が凍《こお》ってしまったことがあるのよ。このときは多《おお》くの生《い》きものが死《し》んで、生《い》き残《のこ》ったものがその後大《あとおお》きく進化《しんか》した、といわれています。

今《いま》、地球《ちきゅう》は安定《あんてい》して、生《い》きものがくらしやすい状況《じょうきょう》になっていますが、ずーっと先《さき》のことを考《かんが》えたら、地球《ちきゅう》でもっと大《おお》きな変化《へんか》が起《お》きるかもしれません。

そんなときにまた、生《い》きものは大《おお》きく進化《しんか》するのかもしれませんね。

## ヒトの卵子《らんし》より、メダカの卵《たまご》のほうが大《おお》きいのはなぜ？

メダカのほうがヒトよりずっと小《ちい》さいのに、たしかに卵《たまご》はメダカのほうが大《おお》きいですね。メダカの卵《たまご》は1ミリぐらいで、ヒトの卵子《らんし》は約《やく》0・1ミリ。直径《ちょっけい》で10分《ぶん》の1、体積《たいせき》は1000分《ぶん》の1です。

ここで、育《そだ》ち方《かた》を考《かんが》えてみてください。メダカはどこで生《う》まれて、どうやって育《そだ》つかしら？　川《かわ》の中《なか》や池《いけ》の中《なか》、つまり水《みず》の中《なか》で卵《たまご》から生《う》まれますね。

じゃあ、人間《にんげん》の卵子《らんし》はどこで育《そだ》ちますか？　お母《かあ》さんのおなかの中《なか》の子宮《しきゅう》ですね。人間《にんげん》はほ乳類《にゅうるい》といって、おっぱいで子《こ》どもを育《そだ》てるなかまです。ほ乳類《にゅうるい》は、お母《かあ》さんのおなかの中《なか》で育《そだ》ち、子《こ》どもはお母《かあ》さんの「たいばん」というところにつながっていて、たいばんを通《とお》して、お母《かあ》さんの栄養《えいよう》をもらいます。

ところが、メダカはどうでしょう。水《みず》の中《なか》に生《う》まれたら、育《そだ》っていくときの栄《えい》養《よう》は、お母《かあ》さんからもらえませんね。育《そだ》つための栄養分《えいようぶん》は卵《たまご》の中《なか》だけにしかないから、卵《たまご》が大《おお》きくないとおとなのメダカにまで育《そだ》たないわけです。

ヒトの体《からだ》は大《おお》きくなるけれど、お母《かあ》さんから栄養分《えいようぶん》をもらえるので、卵《たまご》は小《ちい》さくていいの。その中《なか》に生《う》まれるまでの栄養分《えいようぶん》がぜんぶなくてもいいでしょう？

体《からだ》をつくる部分《ぶぶん》ではなく、栄養分《えいようぶん》のちがいが卵《たまご》の大《おお》きさのちがいになっているのです。

## 子《こ》どもはなぜ親《おや》に似《に》たところがあるんですか？

遺伝子《いでんし》というものがあって、いろいろな性質《せいしつ》を決《き》めていることは知《し》っていますか。たとえば、目《め》のひとみの色《いろ》や、髪《かみ》の毛《け》の色《いろ》などを決《き》める遺伝子《いでんし》がわかっています。日本人《にほんじん》のほとんどは髪《かみ》の毛《け》が黒《くろ》いですけれど、ヨーロッパには金髪《きんぱつ》の人《ひと》がいますね。そういうことを決《き》める遺伝子《いでんし》を親《おや》から受《う》けつぐから、すがたや性質《せいしつ》が親《おや》から子《こ》どもに伝《つた》わっていくのです。

ただ、遺伝子《いでんし》だけではっきりわかるものと、そうでないものがあります。たとえば身長《しんちょう》は遺伝子《いでんし》で決《き》まりやすい性質《せいしつ》であることがわかってきました。でも、一《ひと》つの遺伝子《いでんし》で決《き》まっているわけではなく、いくつかの遺伝子《いでんし》が組《く》み合《あ》わさって決《き》まってくる性質《せいしつ》なので、そっくりそのまま親《おや》とおなじにはなりません。なんでも遺伝子《いでんし》ですぐ決《き》まってしまうというものではないのです。

それから、もっている遺伝子《いでんし》がいつでもぜんぶはたらいているわけではないのね。そのときの環境《かんきょう》によって、はたらいたりはたらかなかったりします。お父《とう》さん、お母《かあ》さんからおなじ遺伝子《いでんし》をもらった兄弟《きょうだい》でも、くらし方《かた》や食《た》べものがちがうと、そのはたらき方《かた》がちがってきて、病気《びょうき》のなり方《かた》もちがったりします。似《に》ていることは、つながりがあることを示《しめ》しているのですから、だいじにしましょうね。

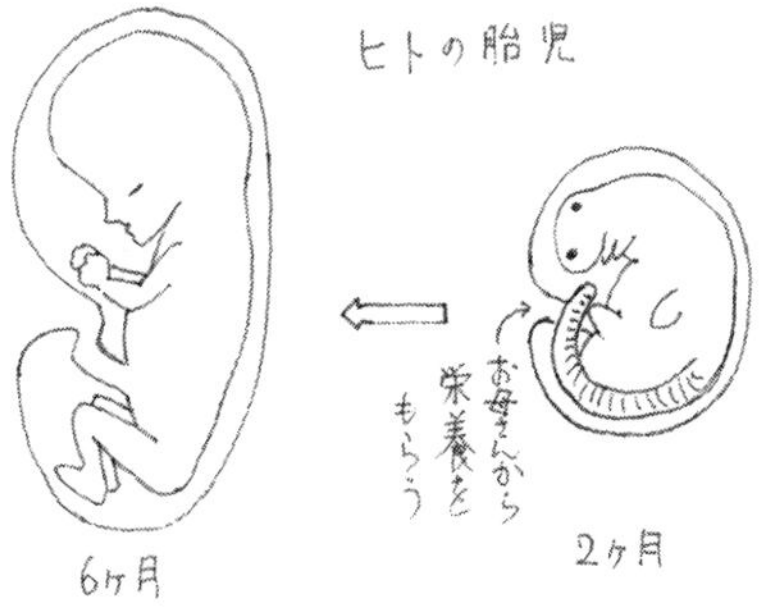

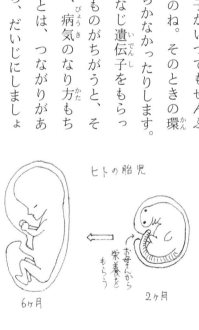

## クローンとはなんですか？　いけないことなんですか？

クローンはギリシャ語《ご》で「小《ちい》さい枝《えだ》」という意味《いみ》で、園芸用語《えんげいようご》の「さし木《き》」からきた言葉《ことば》のようです。

生《い》きものの性質《せいしつ》を決《き》めるのは「遺伝子《いでんし》」といわれるもので、物質《ぶっしつ》としてはDNAです。「DNA」や「遺伝子《いでんし》」って聞《き》いたことあるかな？

さし木《き》でふやした植物《しょくぶつ》は、もとの植物《しょくぶつ》とおなじDNAをもっています。このように、まったくおなじDNAをもつ生《い》きものを「クローン」といいます。植物《しょくぶつ》はクローンがいくらでもふやせますが、動物《どうぶつ》はどうでしょうか。

動物《どうぶつ》は、お母《かあ》さんのおなかの中《なか》で、たった一《ひと》つの受精卵《じゅせいらん》が分裂《ぶんれつ》して増《ふ》え、体《からだ》のすべてをつくります。心臓《しんぞう》にも皮《ひ》ふにも、卵細胞《らんさいぼう》の中《なか》にあったDNAとおなじものが入《はい》っているの。でも、皮《ひ》ふの細胞《さいぼう》の遺伝子《いでんし》からは皮《ひ》ふしかつくれず、ヒトにはなりません。

ところが、体《からだ》の細胞《さいぼう》に入《はい》っているDNAを卵細胞《らんさいぼう》に入《い》れて、その卵《らん》から育《そだ》てると、もとの動物《どうぶつ》とおなじ遺伝子《いでんし》をもつ、おなじ性質《せいしつ》の動物《どうぶつ》ができるということがわかったんですね。ほ乳類《にゅうるい》では、1996年《ねん》に初《はじ》めてクローンのヒツジができて、みんながびっくりしました（113ページに説明《せつめい》があります）。

でも、クローン動物《どうぶつ》たちが育《そだ》っていって、まったくおなじになるとはかぎりません。もっている遺伝子《いでんし》がおなじでも、育《そだ》つ環境《かんきょう》がちがえば、完全《かんぜん》におなじものにはならないからです。

クローンがいけないことかどうかは、むずかしい問題《もんだい》ですね。人間《にんげん》のクローン

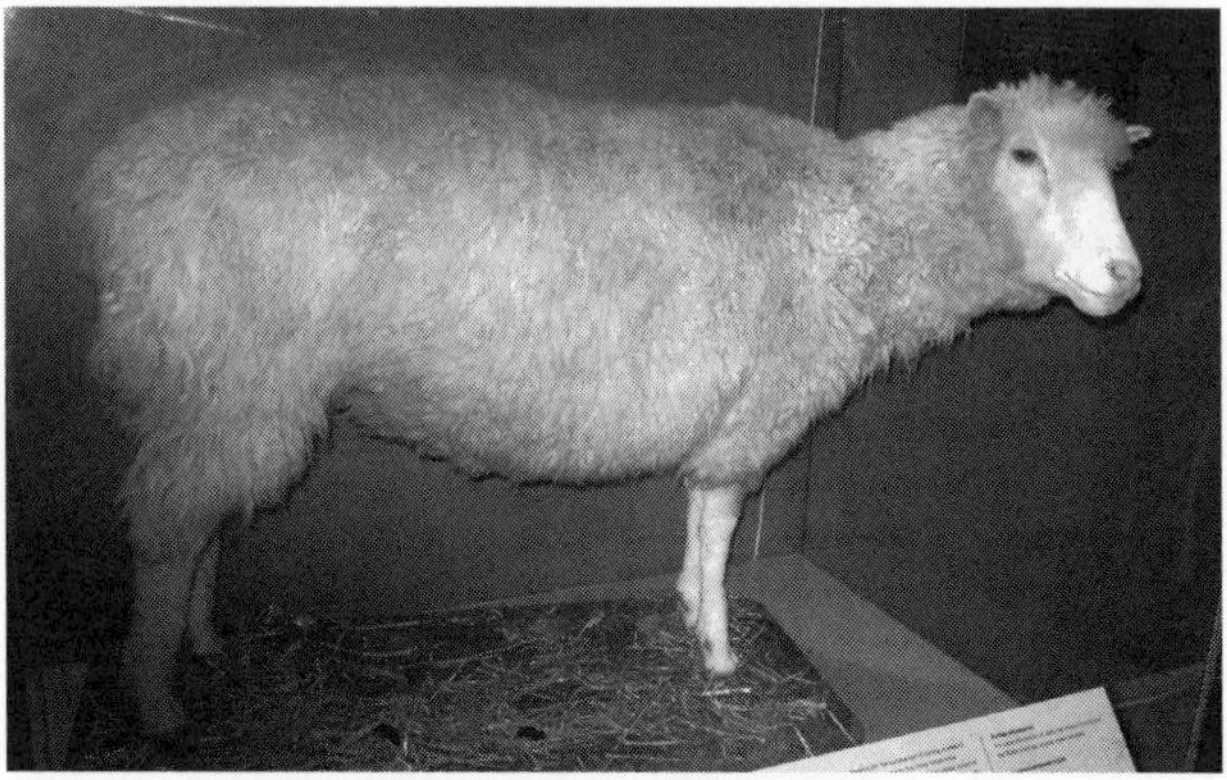

世界初《せかいはつ》のクローン羊《ひつじ》、ドリー。
はくせいがスコットランド博物館《はくぶつかん》に展示《てんじ》されている

をつくることは、世界《せかい》のいろいろな国《くに》で禁《きん》止《し》されています。日本《にほん》でも禁止《きんし》です。生《い》きものはみんなちがうところがあるのがいいので、わたくしは動物《どうぶつ》、とくにほ乳類《にゅうるい》ではつくらないほうがいいと思《おも》っています。

ただ、産業《さんぎょう》として、たとえば、ウシなどでは、肉質《にくしつ》のよいウシ、お乳《ちち》のたくさん出《で》るウシなどをたくさん産《う》みだすために使《つか》われています。

この技術《ぎじゅつ》をどのように使《つか》うかについては、これからみんなで考《かんが》えていかなくてはなりませんね。

# 心《こころ》はどういう形《かたち》をしているの？

あなたはどういう形《かたち》をしていると思《おも》いますか？　心《こころ》や気持《きも》ちが動《うご》くとき、心臓《しんぞう》がドキドキするから、むかしの人《ひと》は、心臓《しんぞう》に心《こころ》があると思《おも》っていたの。そこで、よくハートの形《かたち》をかきますね。でも、本当《ほんとう》に心《こころ》に形《かたち》があるのかしら。

たとえば、今《いま》あなたがチョコレートを食《た》べているとして、もしとなりでお友《とも》だちがほしそうにしていたら、どうしますか？　わけてあげるでしょう？

そのとき、あなたの心《こころ》が動《うご》いていると思《おも》いませんか？　だから、心《こころ》は形《かたち》のあるものじゃなく、相手《あいて》の気持《きも》ちになって、相手《あいて》のことを考《かんが》えるときにはたらくものじゃないかなと思《おも》います。

おもしろい研究《けんきゅう》があります。研究者《けんきゅうしゃ》がサルの脳《のう》を調《しら》べながら、アイスクリームを食《た》べたんですって。そうしたらサルの脳《のう》の中《なか》でアイスクリームを食《た》べているときにはたらく部分《ぶぶん》がはたらいたんですって。サルが研究者《けんきゅうしゃ》を見《み》て、自分《じぶん》が食《た》べることとおなじように感《かん》じたわけでしょう？

サルくらいの知能《ちのう》をもった動物《どうぶつ》は、相手《あいて》のことを自分《じぶん》のことのように考《かんが》えられるということが、最近《さいきん》わかってきました（100ページを見《み》てください）。

人間《にんげん》は、見《み》えないものにも心《こころ》をはたらかせることができます。お父《とう》さん、お母《かあ》さんや友《とも》だちが目《め》の前《まえ》にいなくても、「だいじだなぁ」と思《おも》えるでしょう？　これはサルにはできません。それが人間《にんげん》のすばらしいところですね。

さまざまな人《ひと》や生《い》きものや、ときにはものとの間《あいだ》にもはたらくのが心《こころ》であり、それはとてもたいせつなはたらきだと思《おも》います。心《こころ》の研究《けんきゅう》はこれからです。

## 人間《にんげん》の体《からだ》には、一《ひと》つや二《ふた》つのものはあるのに、三《みっ》つのものがないのはなぜ？

これは、体《からだ》ができあがってくるところを考《かんが》えてみるとよいと思《おも》います。人間《にんげん》は最初《さいしょ》、小《ちい》さな卵《たまご》から始《はじ》まるわけね。卵《たまご》はまるくて、上《うえ》も下《した》もありません。お母《かあ》さんの体《からだ》の中《なか》でだんだん体《からだ》ができていくときに、頭《あたま》はどっちかなと決《き》めていきます。それから、背中《せなか》とおなかを決《き》める。右《みぎ》と左《ひだり》も決《き》まります。人間《にんげん》だけではなく、動物《どうぶつ》はみんなそうなんです。

そのように上《うえ》と下《した》、背中《せなか》とおなか、右《みぎ》と左《ひだり》をだんだんつくりながら、体《からだ》をつくっていくの。おおもとは一《ひと》つの卵《たまご》ですよね。だから、一《ひと》つでいいもの、心臓《しんぞう》や胃《い》や腸《ちょう》などは一《ひと》つです。

その中《なか》で、左《ひだり》と右《みぎ》を決《き》める遺伝子《いでんし》のはたらきで、左《ひだり》と右《みぎ》に一《ひと》つずつできるものもあります。左《ひだり》と右《みぎ》にわかれるから二《ふた》つになりますね。

こうして、人間《にんげん》だけでなく、いろいろな生《い》きものたちで、手《て》や足《あし》などは右《みぎ》と左《ひだり》に二《ふた》つできてきました。目《め》や耳《みみ》も二《ふた》つですね。

目《め》が二《ふた》つあると立体的《りったいてき》に見《み》えるし、きょりを知《し》ることもできます。耳《みみ》が二《ふた》つあれば、どっちから音《おと》が聞《き》こえてくるかもわかるでしょう?

そういうふうに、体《からだ》の右《みぎ》と左《ひだり》ができて、二《ふた》つのものができました。最初《さいしょ》は一《ひと》つから始《はじ》まったのです。

# ぼくは男《おとこ》と女《おんな》の二卵性《にらんせい》の双子《ふたご》ですが、もう一人《ひとり》のほうがいつもしっかりしています。双子《ふたご》なのになぜちがうの？

二卵性双生児《にらんせいそうせいじ》は、男《おとこ》の子《こ》と女《おんな》の子《こ》の組《く》み合《あ》わせのことがありますね。一卵性《いちらんせい》の場合《ばあい》、受精卵《じゅせいらん》という一《ひと》つの「細胞《さいぼう》」が、分裂《ぶんれつ》を始《はじ》めたときに、それぞれが別《べつ》べつの赤《あか》ちゃんになるのね。だから、一卵性双生児《いちらんせいそうせいじ》はもとがまったくおなじで、男《おとこ》の子《こ》どうし、女《おんな》の子《こ》どうしの組《く》み合《あ》わせになります。

二卵性双生児《にらんせいそうせいじ》は、きょうだいになる二《ふた》つの受精卵《じゅせいらん》が、たまたま同時《どうじ》にお母《かあ》さんのおなかの中《なか》で育《そだ》ってきたわけ。だから、関係《かんけい》はふつうの兄弟姉妹《きょうだいしまい》とおなじなのね。

一卵性双生児《いちらんせいそうせいじ》はそっくりで、きょうだいより似《に》てますよね。だから二卵性双生《にらんせいそうせい》児《じ》の場合《ばあい》も、それとおなじに考《かんが》えてしまうのですが、二人《ふたり》がたまたまいっしょに生《う》まれたというだけなんです。兄《あに》と妹《いもうと》だったら、いろいろなところがちがっても、みんなふしぎに思《おも》わないでしょう？

それで、妹《いもうと》さんのほうがしっかりしてるっていうけれど、きみにもきっといいところがあると思《おも》うんだけどな。いいところ、さがしてみて。なにがあると思《おも》う？

生《い》きものには、「いろいろある」ということがだいじなの。そのほうがいのちが続《つづ》いていきやすいんです。これを「生物多様性《せいぶつたようせい》」といって、とってもだいじなのよ。

いろいろな種類《しゅるい》の生《い》きものがいるという多様性《たようせい》と同時《どうじ》に、人間《にんげん》もいろいろな人《ひと》がいることがたいせつなんです。

# どうやってこの世《よ》に動物《どうぶつ》が生《う》まれたんですか？

動物《どうぶつ》がどうして生《う》まれたって、どういうところからその質問《しつもん》が出《で》てきたのかな？

動物《どうぶつ》のほかに、生《い》きものとしてはなにがありますか？植物《しょくぶつ》がありますよね。地球上《ちきゅうじょう》には、いろいろな種類《しゅるい》の生《い》きものがいます。動《どう》物《ぶつ》と植物《しょくぶつ》、それにキノコのなかま、バクテリアなどです。その中《なか》では体《からだ》のつくりがとてもかんたんなバクテリアが最初《さいしょ》に生《う》まれ、そこから進化《しんか》をしてキノコのなかまたちが生《う》まれ、その後《あと》で、植物《しょくぶつ》や動物《どうぶつ》が生《う》まれました。進化《しんか》ということをし

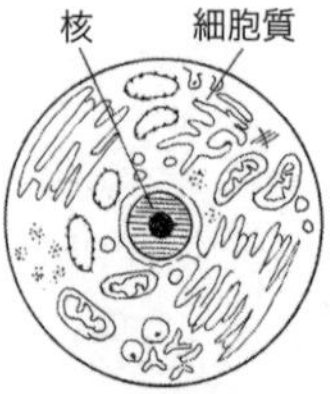


動物の細胞

核
核はDNAとタンパク質からできている。

細胞質
糖や脂肪の分解、合成をしたり解毒作用のあるいろいろなものが含まれる。植物には葉緑体も入っている。

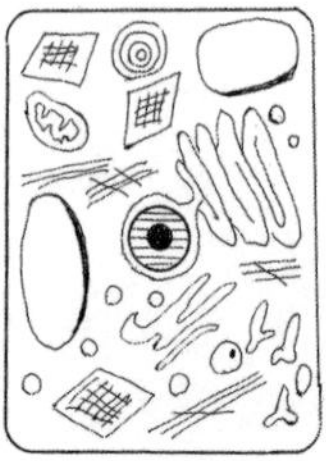

植物の細胞

て生《う》まれてきたんです。

動物《どうぶつ》は、植物《しょくぶつ》とくらべたらよくわかるけれど、自分《じぶん》で動《うご》きますね。

それから、痛《いた》いとか、熱《あつ》いとか、いろんな感覚《かんかく》をもっています。わかりますね。

それから、動物《どうぶつ》は外《そと》から栄養《えいよう》をとらなければならないのね。植物《しょくぶつ》は葉緑素《ようりょくそ》をもっていて、太陽《たいよう》の光《ひかり》などのエネルギーを使《つか》って、自分《じぶん》で栄養《えいよう》をつくれますが、動物《どうぶつ》は食《た》べものを食《た》べます。

進化《しんか》という言葉《ことば》を使《つか》って説明《せつめい》したけれど、この言葉《ことば》は、聞《き》いたことあるかな。進化《しんか》というかたちでいろんな生《い》きものが出《で》てきたの。最近《さいきん》の研究《けんきゅう》でおもしろいことがわかってきたので、お話《はな》ししますね。

さっきキノコを例《れい》に出《だ》したけれど、キノコやカビのなかまを菌類《きんるい》というんです。キノコやカビって、植物《しょくぶつ》に近《ちか》そうだと思《おも》うじゃない？だけど、DNAでくらべてみたら、実《じつ》は、キノコやカビのなかまは、動物《どうぶつ》のほうに近《ちか》いなかまだっていうことがわかってきたんです。

自分《じぶん》たちで栄養《えいよう》がつくれなくて、外《そと》から栄養《えいよう》をとるところは、動物《どうぶつ》に似《に》ていますね。このようなかんたんな生《い》きものから、どうやって動物《どうぶつ》が生《う》まれてきたかということを、進化《しんか》の研究《けんきゅう》で、今調《いましら》べているさいちゅうです。

今《いま》お話《はな》ししたように、どんなものが動物《どうぶつ》のもとになったかということは、だんだんわかってきています。「エリベンモウチュウ」という名前《なまえ》の、一《ひと》つの細胞《さいぼう》でできている生《い》きものの中《なか》に、動物《どうぶつ》につながった始《はじ》まりがあるらしいというところまでわかってきました。でも、これもまだ調《しら》べているさいちゅうです。

調《しら》べているさいちゅうっていうことは、あなたがこれから調《しら》べる可能性《かのうせい》もあるということだから、今《いま》のあなたの質問《しつもん》はとってもおもしろいことですよ。どうして動物《どうぶつ》は生《う》まれたのかな、植物《しょくぶつ》はどうしてかなって、そういうふうにして、また考《かんが》えてみてください。

エリベンモウチュウは、カイメンという原始的《げんしてき》な生《い》きものにつながったとされています。

こんなものがわたしたちの始《はじ》まりだなんて、ふしぎな気持《きも》ちになりますね。

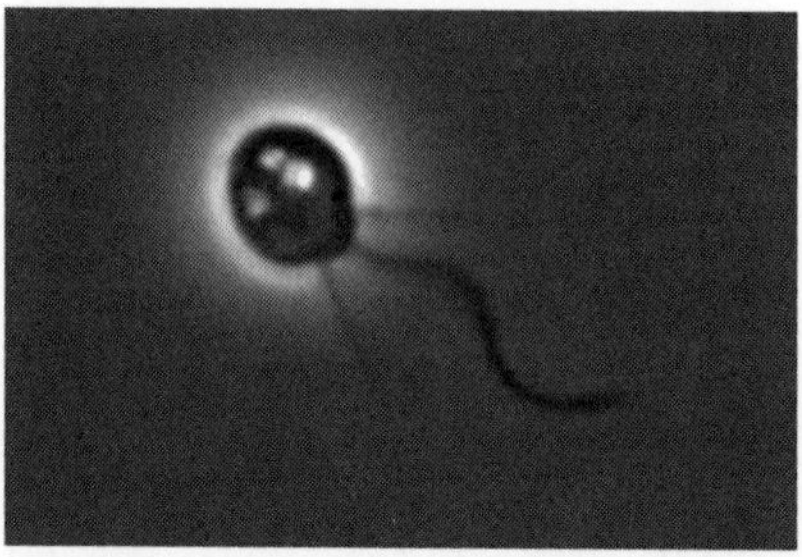

エリベンモウチュウ

# ウイルスは生《い》きものなの？　生《い》きものじゃないの？

きみはどっちだと思《おも》いますか？

わたくしは、ウイルスは生《い》きものとはいえないと思《おも》っています。生《い》きものは「細胞《さいぼう》」でできていて、自分《じぶん》だけで生《い》きることができます。また、ものを食《た》べて自分《じぶん》の中《なか》でエネルギーをつくって生《い》きていき、増《ふ》えていくものを、生《い》きものと考《かんが》えているんです。ウイルスはほかの細胞《さいぼう》、つまり、ほかの生《い》きものの中《なか》に入《はい》らないと増《ふ》えることができません。自分《じぶん》だけではエネルギーをつくることもできません。だから、生《い》きものじゃないと思《おも》うの。

でも、きみが生《い》きものだって思《おも》ったのにも理由《りゆう》があると思《おも》うの。生《い》きものは遺伝子《いでんし》とよばれるものをもっていますね。ウイルスは、生《い》きものにとっていちばんたいせつと思《おも》われる体《からだ》をつくったり、性質《せいしつ》を子孫《しそん》に伝《つた》えたりする遺伝子《いでんし》をもっているし、体《からだ》のだいじな成分《せいぶん》であるタンパク質《しつ》ももっているので、なんとなく生《い》きものっぽいですよね。

しかも、増《ふ》えます。でも、ほかの生《い》きものの中《なか》に入《はい》らないと増《ふ》えないから、生《い》きものっぽいけど、ほんとに生《い》きものかと考《かんが》えると、ちがうと思《おも》います。今《いま》の定義《ていぎ》では、生《い》きものではないと考《かんが》えたほうがいいでしょう。

でも、生《い》きものにとても近《ちか》く、遺伝子《いでんし》をいろいろな生《い》きものに運《はこ》んだりする、とても興味深《きょうみぶか》いものであることは、たしかです。

# 赤《あか》ちゃんはどうやって誕生《たんじょう》するの？

体《からだ》は細胞《さいぼう》でできてるって知《し》ってるかな？　ぜんぶ細胞《さいぼう》でできています。脳《のう》は脳《のう》の細胞《さいぼう》、心臓《しんぞう》は心臓《しんぞう》の細胞《さいぼう》、胃《い》は胃《い》の細胞《さいぼう》でできているわけです。みんな、ちっちゃな、ちっちゃな細胞《さいぼう》です。どんなにちっちゃいかというと、1兆《ちょう》個《こ》集《あつ》まったときに、やっと1キログラムになるくらい。

たとえば、あなたの体重《たいじゅう》は30キロぐらいかな。そうだとしたら、細胞《さいぼう》は30兆《ちょう》個《こ》ほどあります。心臓《しんぞう》の細胞《さいぼう》、脳《のう》の細胞《さいぼう》など、さまざまな細胞《さいぼう》があるのだけれど。その中《なか》に一種類《いっしゅるい》だけ、子《こ》どもをつくるための細胞《さいぼう》があります。女《おんな》の人《ひと》の場合《ばあい》は、それが卵子《らんし》です。男《おとこ》の人《ひと》の場合《ばあい》は精子《せいし》。この二《ふた》つが出会《であ》って受精《じゅせい》が起《お》きたときに、受精卵《じゅせいらん》になって、それが新《あたら》しいいのちになります。

卵《らん》と精子《せいし》は、ふつう体《からだ》の中《なか》で出会《であ》うんだけど、卵《らん》1個《こ》に億《おく》という数《かず》の、たくさんの精子《せいし》が向《む》かっていきます。でも、その中《なか》の1個《こ》の精子《せいし》が卵《らん》といっしょになると、卵《らん》は外側《そとがわ》にまくをつくって、ほかの精子《せいし》が入《はい》れないようにするの。

このように、1個《こ》の卵《らん》と1個《こ》の精子《せいし》だけが出会《であ》って、受精卵《じゅせいらん》ができます。あなたもそこから始《はじ》まったのよ。何億《なんおく》もある中《なか》で、たった1個《こ》が出会《であ》うんだから、とてもふしぎじゃない？

その後《あと》、受精卵《じゅせいらん》は二《ふた》つに分《わ》かれ、四《よっ》つに分《わ》かれ……と増《ふ》えていき、体《からだ》をつくっていきます。そして、人間《にんげん》の場合《ばあい》だと280日《にち》ほどお母《かあ》さんの子宮《しきゅう》にいて、じゅうぶん育《そだ》ったところで生《う》まれてくるわけです。

どの子《こ》も、どの人《ひと》も、それから人間《にんげん》だけじゃなくて、犬《いぬ》だって猫《ねこ》だって、みんなそうやって生《う》まれてきたの。
すごいでしょ、生《う》まれるっていうこと。だから、いのちをだいじにしなきゃね。

# 5 本《ほん》の世界《せかい》

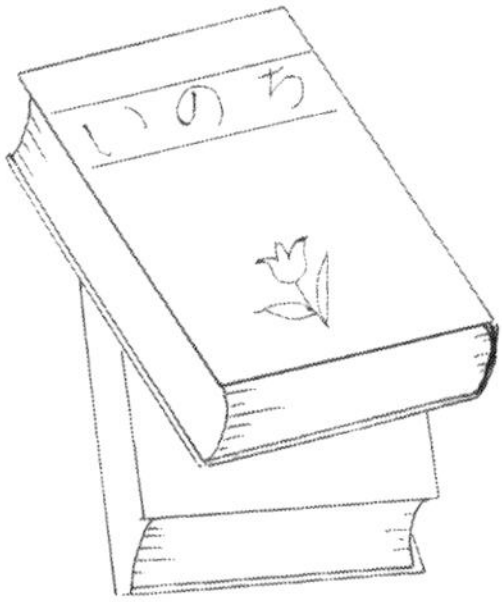

# 五味太郎《ごみたろう》『にているね⁉』

## 心《こころ》が生《う》み出《だ》す世界《せかい》

### 生《い》きもののなかまとして

にているね⁉　イスがウマに話《はな》しかける言葉《ことば》に味《あじ》があり、何度読《なんどよ》んでも楽《たの》しいです。

でも、ちょっとひっかかるところもあって、読《よ》むたびに、いろいろなことを考《かんが》えることになります。イスの気持《きも》ちになったり、ウマの気持《きも》ちになったりして、あきません。まさに「かがくのとも」なのですけれど、実《じっ》は、科学《かがく》の中《なか》にいると、なかなかこうはいきません。

生《い》きものを見《み》ていると、色《いろ》づかいも形《かたち》も、暮《く》らし方《かた》もいろいろです。ちがうものがいるからこそ、生《い》きものの世界《せかい》は楽《たの》しいのです。

最近《さいきん》、国際的《こくさいてき》におこなわれている生物多様性《せいぶつたようせい》の議論《ぎろん》では、「わたしのところの生《い》きものたちを、勝手《かって》に金《かね》もうけのタネにしてけしからん」というけんか腰《ごし》の話《はなし》になっています。とても勝手《かって》です。その前《まえ》に、いろいろいること、そのこと自体《じたい》を楽《たの》しむのが、生《い》きもののなかまとしての礼儀《れいぎ》でしょう。どうも、わたしたちは自分《じぶん》も生《い》きものの一《ひと》つだということを忘《わす》れているようです。

ところで、さまざまな生《い》きものは、どれもDNAを基本物質《きほんぶっしつ》とする細胞《さいぼう》でできており、細胞《さいぼう》のはたらき方《かた》はおなじなのです。そこで、すべての生《い》きものは38億《おく》年《ねん》ほど前《まえ》に海《うみ》で生《う》まれた細胞《さいぼう》を共通祖先《きょうつうそせん》としている、と考《かんが》えられています。つまり、生《い》きものはみんな、体《からだ》の中《なか》に38億年《おくねん》の歴史《れきし》を抱《かか》えこみ、それぞれの生《い》き方《かた》をしているのです。

そこには、長《なが》い時間《じかん》をかけて編《あ》みあげられた、たくさんの物語《ものがたり》があります。基《き》本《ほん》はおなじでみんなちがう、この物語《ものがたり》を読《よ》み解《と》くのが、科学《かがく》の仕事《しごと》です。

では、この生《い》きものの物語《ものがたり》の中《なか》で、「似《に》ている」はどう位置《いち》づけられるのでしょう。おなじなのにちがい、ちがうのにおなじだということは、いくらでも語《かた》れます。でも「似《に》ている」はむずかしい。だからこそ考《かんが》えたいし、思《おも》いがけないことが見《み》えそうな予感《よかん》がします。

五味太郎『にているね !?』
福音館書店

★

科学《かがく》は客観《きゃっかん》を基礎《きそ》にしていますが、「似《に》ている」はとても主観的《しゅかんてき》です。「お母《かあ》さんにそっくり」といわれて、うれしいけれど、鼻《はな》はわたしのほうが高《たか》いのよ、と一言《ひとこと》いいたくもなります。「似《に》ている」は、「おなじ」や「ちがう」にくらべてあいまいなのです。

DNAを解析《かいせき》したら、ヒトとチンパンジーでは1・5%ほどしかちがわず、とてもよく似《に》ていることがわかりました。でも、ゴリラよりチンパンジーのほうがヒトに似《に》ている、といわれても、座《すわ》ったお父《とう》さんの後《うし》ろ姿《すがた》はゴリラそっくりじゃありませんか。

実《じっ》は、DNAを調《しら》べたら、カバとクジラが似《に》ている、という思《おも》いもよらないことになりました。最初《さいしょ》はどこが似《に》ているの?と思《おも》いましたが、カバとクジラの大《おお》きな口《くち》を思《おも》いうかべているうちに、さまざまな想像《そうぞう》がふくらんできました。

「似《に》ている」という切《き》り口《くち》は、考《かん》え方《かた》や気持《きも》ちをふくらませる力《ちから》をもっているようです。

## 生《う》まれること、つくること

そんなとき出会《であ》った五味《ごみ》さんの『にているね⁉』。

自分《じぶん》はかっこいいと思《おも》っているウマに向《む》かって「おまえ　おれに　にているよね」とイスに話《はな》しかけさせる絶妙《ぜつみょう》さにほれぼれします。

最初《さいしょ》はウマとおなじ気持《きも》ちで「なーに　いってるのさ！」でしたが、乗《の》っただれかが重《おも》いときや、乱暴《らんぼう》だったときのつらさについていわれるとそうだなと思《おも》い、どんどん二《ふた》つが似《に》てくるのです。

そうなったところで、ウマがいいます。「かあちゃんが　ぼくを　うんだんだよ！」と。そして死んでまた生《う》まれかわるとも。

ここに来《く》ると考《かんが》えますね。「生《う》まれる」と「つくる」はちがう！　生《う》まれるとき受《う》け継《つ》ぐのはいのちであり、それをもらって元気《げんき》に生《い》きるのが生《い》きものです。それは、必《かなら》ず死《し》ぬものでもあります。ウマのいのちはまた次《つぎ》の世代《せだい》につながり、新《あたら》しいウマが元気《げんき》に生《い》きていきます。

このようにして、つながっていくのがいのち。「生《う》まれる」は「死《し》ぬ」をふくみながらもつながっていくのです。

★

イスはおじさんがつくってくれます。「おれもこわれて、またなにかになる」というイスの言葉《ことば》を聞《き》いていると、イスもおじさんのいのちを受《う》け継《つ》いでいそうな気《き》がしてきます。おじさんが心《こころ》をこめてつくったイスが、心《こころ》をこめて使《つか》われた末《すえ》にこわれていくのなら、そこにはいのちがあるといってもよいのかもしれません。

ところが今《いま》の社会《しゃかい》、ものをできるだけ効率《こうりつ》よくつくり、ちょっとでもこわれたらゴミ捨《す》て場《ば》行《い》きですから、心《こころ》もいのちも感《かん》じられなくなってしまいました。

でも、五味《ごみ》さんの絵本《えほん》のイスは、おじさんを信頼《しんらい》しています。だから、おまえはウマ、おれはイス、だけど似《に》てる、というイスの言葉《ことば》に説得力《せっとくりょく》があり、そのとおりと思《おも》います。

おなじでもなく、ちがうでもなく、「似《に》ている」の世界《せかい》は、心《こころ》が生《う》み出《だ》すものなのだと気《き》づかされました。たくさんのところに「似《に》ている」を見《み》つけていくうちに、心《こころ》がいきいきし、他《ほか》のだれでもない自分《じぶん》が見《み》えてくるのだ、と思《おも》えてきました。

「似《に》ている」は、物語《ものがたり》を生《う》み、豊《ゆた》かさを生《う》みます。ウマとイスはほんと、似《に》ていますね！

（五味太郎《ごみたろう》『にているね⁉』福音館書店《ふくいんかんしょてん》）

## 安野光雅《あんのみつまさ》『ふしぎなえ』

# 想像《そうぞう》と本質《ほんしつ》との組《く》み合わせ

「福音館《ふくいんかん》の絵本《えほん》や童話《どうわ》についてなにか書《か》いてください」

この依頼《いらい》をいただいたとたんに、30年近《ねんちか》いタイムスリップが起《お》きた。月刊絵本《げっかんえほん》『こどものとも』『かがくのとも』や、『いやいやえん』『エルマーのぼうけん』（もちろん他社《たしゃ》の本《ほん》も）などが、ずらりと並《なら》んだ子《こ》ども部屋《べや》の本棚《ほんだな》が眼《め》に浮《う》かぶ。

本当《ほんとう》にあのころは楽《たの》しかった。『いやいやえん』を読《よ》んだ後《あと》は、みんなでくじらとりに出《で》かけたものだ。

そんな中《なか》で、安野光雅《あんのみつまさ》さんの〝ふしぎ〟を描《か》いた絵本《えほん》たちは、眺《なが》めるたびに新《あたら》しい発見《はっけん》がある、まさにふしぎな本《ほん》で、家族《かぞく》みんなでよく囲《かこ》んだ。

たとえば『ふしぎなえ』の中《なか》の一枚《いちまい》。ページを開《ひら》くと、左側《ひだりがわ》に水道《すいどう》の栓《せん》があり、蛇口《じゃぐち》から水《みず》が流《なが》れている。でもその水《みず》は、コップの中《なか》へ入《はい》るのでも、お風呂《ふろ》にたまるのでもなく、川《かわ》の流《なが》れになって、町《まち》の中《なか》を流《なが》れていくのだ。川《かわ》で洗濯《せんたく》している人《ひと》がいるかと思《おも》えば、橋《はし》の上《うえ》から釣《つ》り糸《いと》を垂《た》れている人《ひと》もいる。そんな風景《ふうけい》を追《お》っていくと、川《かわ》は大《おお》きなジョウゴに流《なが》れこみ……そう、そこから水道栓《すいどうせん》へとつながっていく。

安野光雅『ふしぎなえ』福音館書店

ここで、町《まち》は小人《こびと》の国《くに》で、自分《じぶん》たちがひねった水道《すいどう》の水《みず》がこんな川《かわ》をつくっているような気《き》もすれば、実《じつ》は、わたしたちの暮《く》らす町《まち》の川《かわ》が、大《おお》きな大《おお》きな水道《すいどう》から流《なが》れてきているのかもしれない、という気《き》もする。

そんなことをワイワイ話《はな》しているうちに、想像《そうぞう》が広《ひろ》がっていくと同時《どうじ》に、ふしぎの本質《ほんしつ》を考《かんが》えるようにもなる。

絵本《えほん》や童話《どうわ》は、多《おお》かれ少《すく》なかれ、この二《ふた》つの組《く》み合わせになっており、わたしはここに自分《じぶん》の仕事《しごと》、つまり科学《かがく》との共通点《きょうつうてん》を見《み》ている。

この年齢《ねんれい》になっても、あいかわらず絵本《えほん》や童話《どうわ》にひかれるのは、そのためだろう。


（安野光雅《あんのみつまさ》『ふしぎなえ』福音館書店《ふくいんかんしょてん》）

## 手塚治虫《てづかおさむ》『ぼくのマンガ人生《じんせい》』

# 〝チビで眼鏡《めがね》のガジャボイ頭《あたま》〟の少年《しょうねん》が……

正直《しょうじき》にいって、マンガを読《よ》むのはへただ。右《みぎ》から、または上《うえ》からきちんと並《なら》んでいる活字《かつじ》なら、必要《ひつよう》とあらばナナメにも読《よ》めるのだが、マンガとなるとどこをどう読《よ》んだらよいのかわからず、疲《つか》れる。それでも、気《き》になる作品《さくひん》があり、苦労《くろう》しながらも、ときには読《よ》むことになる。

このように日本《にほん》の文化《ぶんか》の中《なか》で、マンガが大《おお》きな場《ば》を占《し》めるようになった発端《ほったん》は手塚作品《てづかさくひん》にあり、とは万人《ばんにん》の認《みと》めるところだろう。それだけに、手塚《てづか》さんについては、すでに多《おお》くが語《かた》られているので、今《いま》さらと思《おも》って読《よ》み始《はじ》めたのだが、これがなかなかおもしろかった。

基本《きほん》は、ご本人《ほんにん》の講演《こうえん》の記録《きろく》なのだが、その内容《ないよう》と、その間《あいだ》にはさまっている家族《かぞく》、友人《ゆうじん》、仕事《しごと》なかまの文章《ぶんしょう》との微妙《びみょう》なズレが、手塚治虫《てづかおさむ》という人間《にんげん》を浮《う》き彫《ぼ》りにしているからだ。しかもそれが、手塚個人《てづかこじん》だけでなく、人間《にんげん》ってこういうものなんだなと思《おも》わせるところまでの広《ひろ》がりをもっているので興味深《きょうみぶか》い。

「チビで眼鏡《めがね》のガジャボイ頭《あたま》」。最初《さいしょ》の小見出《こみだ》しだ。ガジャボイ頭《あたま》とはどんな頭《あたま》かよく知《し》らないし、写真《しゃしん》で見《み》る手塚《てづか》さんは、いつもベレー帽《ぼう》をかぶっているから、実体《じったい》を確《たし》かめるわけにもいかない。しかし、「ガジャボイ頭《あたま》をふりたてて、今日《きょう》も眼鏡《めがね》がやって来《き》た」とからかわれてくやしかったというのだから、あまりかっこうのよいものではないのだろう。

とにかく、いじめられっ子《こ》というのが、ご本人《ほんにん》の描《えが》く自分像《じぶんぞう》だ。さあ、そんな子《こ》どもをもった母親《ははおや》はどうするだろう。――家《いえ》へ帰《かえ》ると母《はは》が、〝お帰《かえ》り〟のかわりに〝今日《きょう》は何回泣《なんかいな》かされたの？〟と聞《き》く。ぼくは指《ゆび》を折《お》って1回《かい》2回《かい》と数《かぞ》えて〝今日《きょう》は8回《かい》だあ〟とベソをかく。そのとき母《はは》は〝堪忍《かんにん》なさい〟という。それで本来《ほんらい》カンシャクもちなのに、なにをされてもぐっと呑《の》みこんで笑《わら》っている癖《くせ》がついた。——こんなふうに書《か》かれている。

もちろん、母上《ははうえ》は「堪忍《かんにん》なさい」といっただけではない。マンガの本《ほん》をたくさん買《か》って声色《こわいろ》を使《つか》いながら読《よ》み聞《き》かせてくれたという。いつのまにか200冊《さつ》もマンガがたまり、みんながそれを読《よ》みに集《あつ》まるようになって、いじめもなくなったという次第《しだい》、別《べつ》にいじめ対策《たいさく》などと考《かんが》えたわけではないだろうが、みごとだ。

いっぽう、父上《ちちうえ》は大《だい》の映画好《えいがず》きで、手回《てまわ》し映写機《えいしゃき》で家《いえ》で映画《えいが》を見《み》せてくれたというのだから、今《いま》から考《かんが》えると、マンガ家手塚治虫《かてづかおさむ》を育《そだ》てるためのご両親《りょうしん》だったような気《き》さえする。

教育《きょういく》、教育《きょういく》といって騒《さわ》ぎたててもどうなるものでもない。さりげなく思《おも》うところをやっていることが子《こ》どもに影響《えいきょう》を与《あた》えるものなのだとつくづく思《おも》う。

それに、先生《せんせい》がまたすごい。小学校《しょうがっこう》5年生《ねんせい》のとき、ノート1冊分《さつぶん》のマンガを描《か》いてクラスで見《み》せていたら、先生《せんせい》に取《と》り上《あ》げられてしまった。叱《しか》られるぞと緊《きん》張《ちょう》していたら、職員室《しょくいんしつ》でまわし読《よ》みした後《あと》、「わかった。もうおまえは好《す》きなだけマンガを描《か》いていい」といわれ、天下御免《てんかごめん》でマンガが描《か》けるようになり、この特技《とくぎ》でいじめっ子《こ》からも一目置《いちもくお》かれることになったという。

もっとも、この「いじめ」も、妹《いもうと》さんによると、〝たいせつに育《そだ》てられた兄《あに》が、外《そと》の社会《しゃかい》の自分《じぶん》とちがう存在《そんざい》に必要以上《ひつよういじょう》に強烈《きょうれつ》な印象《いんしょう》を受《う》け、被害妄想《ひがいもうそう》になっていたと思《おも》う〟となる。これもまた事実《じじつ》だろう。

両親《りょうしん》の願《ねが》いもあって、医師《いし》をめざした手塚《てづか》さん。すでにマンガの発表《はっぴょう》もしており、宿直室《しゅくちょくしつ》で徹夜《てつや》で描《か》いてもまにあわなくなってきた。そこでまた母上《ははうえ》の登場《とうじょう》。「ほんとうに好《す》きなのはどちら?」と聞《き》き、マンガ家《か》になることを勧《すす》めるのだ。

こうして生《う》まれたマンガ家手塚治虫《てづかおさむ》のテーマが「生命《せいめい》」になるのは、当然《とうぜん》だ。医学生《いがくせい》として患者《かんじゃ》の臨終《りんじゅう》に立《た》ち会《あ》ったとき、それまで苦《くる》しんでいた顔《かお》が、一瞬《いっしゅん》神秘的《しんぴてき》に美《うつく》しくなった。そのとき、肉体《にくたい》からふと離《はな》れていったように感《かん》じた「生《せい》命体《めいたい》」の存在《そんざい》が、『ブラック・ジャック』や『火《ひ》の鳥《とり》』に生《い》かされていくことになるわけだ。

自《みずか》らの子《こ》ども時代《じだい》をふりかえり、家族《かぞく》、先生《せんせい》、友人《ゆうじん》などのたいせつさが身《み》に沁《し》みている手塚《てづか》さんは、子《こ》どもたちが、なにごとにも自分《じぶん》と距離《きょり》をおいて考《かんが》えるのが気《き》になる。あっけらかんと「世界《せかい》は滅亡《めつぼう》する」といい、そんなことになったら、「その中《なか》にいる自分《じぶん》」はどうなるのかという実感《じっかん》をもたないのが心配《しんぱい》でしかたがない。

子《こ》どもたちへのメッセージを送《おく》ることが大人《おとな》の責任《せきにん》だ。それも子《こ》どもにおもねるのではなく、子《こ》どもをリードするメッセージを送《おく》るのが。それが、次《つぎ》つぎと送《おく》り出《だ》された手塚《てづか》マンガを支《ささ》えていた気持《きも》ちなのだ。

この天才《てんさい》も、経営能力《けいえいのうりょく》はなし。大負債《だいふさい》を抱《かか》えた手塚氏《てづかし》を支《ささ》えた友人《ゆうじん》は、手塚哲《てづかてつ》学《がく》の背景《はいけい》には、「孤独《こどく》」「闘争心《とうそうしん》」「人間不信《にんげんふしん》」があると分析《ぶんせき》している。

あれほど豊《ゆた》かな子《こ》ども時代《じだい》を送《おく》りながら、なぜこのような面《めん》を強《つよ》くもつようになったのか。ふしぎにも思《おも》うが、確《たし》かに手塚作品《てづかさくひん》にはこの三《みっ》つが感《かん》じられるし、だから魅力《みりょく》をもつのだともいえる。人間《にんげん》っておかしなものだ。

(手塚治虫《てづかおさむ》『ぼくのマンガ人生《じんせい》』岩波新書《いわなみしんしょ》)

## ウェブスター『あしながおじさん』

# 平凡《へいぼん》の中《なか》のユーモア

### 主人公《しゅじんこう》とおなじ気持《きも》ちで

その本《ほん》が好《す》きになるかならないか、だいじなのは最初《さいしょ》の数《すう》ページではないでしょうか。何《なん》ページ読《よ》んでも、物語《ものがたり》がどう展開《てんかい》していくのかがわからないと、なんだかつまらなくなって脇《わき》に追《お》いやってしまいます。

その点《てん》、『あしながおじさん』はみごとです。

「毎月《まいつき》の第一水曜日《だいいちすいようび》は本当《ほんとう》におそろしい日《ひ》であった――びくびくしながら待《ま》っていなければならない、勇気《ゆうき》を出《だ》してこらえなければならない、そして大急《おおいそ》ぎで忘《わす》れてしまわなければならない日《ひ》であった。」

この書《か》き出《だ》しで、わくわくしない人《ひと》はいないでしょう。とても大変《たいへん》なことが起《お》こるような気《き》もするいっぽう、わたしにもこういう日《ひ》ってあるなあという気《き》がしますから。

そこへ主人公《しゅじんこう》ジルーシャが登場《とうじょう》します。孤児院《こじいん》の中《なか》で一番年《いちばんとし》かさなので、評議《ひょうぎ》員《いん》の視察《しさつ》のある水曜日《すいようび》は大忙《おおいそが》し。いじわるな院長《いんちょう》さんのきげんをそこねず、無事《ぶじ》この日《ひ》を通過《つうか》しなければなりません。

ところがある水曜《すいよう》の夕方《ゆうがた》、院長《いんちょう》さんに呼《よ》ばれます。なにか不始末《ふしまつ》でも……心配《しんぱい》するジルーシャに、意外《いがい》な話《はなし》です。評議員《ひょうぎいん》の一人《ひとり》が彼女《かのじょ》を大学《だいがく》へ行《い》かせてくれるというのです。それは、あしながぐものような影《かげ》を残《のこ》して最後《さいご》に帰《かえ》ったあの人《ひと》にちがいありません。条件《じょうけん》はただ一《ひと》つ、学校生活《がっこうせいかつ》を報告《ほうこく》する手紙《てがみ》を書《か》くことだけです。

こうして、親切《しんせつ》なあしながおじさんと快活《かいかつ》なジルーシャの物語《ものがたり》が始《はじ》まります。女《おんな》の子《こ》だったら、ここで主人公《しゅじんこう》と自分《じぶん》が一体《いったい》になります。

## 毎日毎日《まいにちまいにち》、新《あたら》しいことの連続《れんぞく》

大学寮《だいがくりょう》に入《はい》ったジルーシャ。それまで孤児院《こじいん》で暮《く》らしていたこともあって、毎日《まいにち》の生活《せいかつ》の中《なか》の小《ちい》さな出来事《できごと》の一《ひと》つ一《ひと》つが新鮮《しんせん》です。

フランス語《ご》で『三銃士《さんじゅうし》』、幾何学《きかがく》で円錐《えんすい》、生理学《せいりがく》で消《しょう》化器官《かきかん》というような大学《だいがく》らしい課目《かもく》はもちろんですが、ジルーシャ（彼女《かのじょ》は院長《いんちょう》さんが墓石《はかいし》からみつけてきたこ

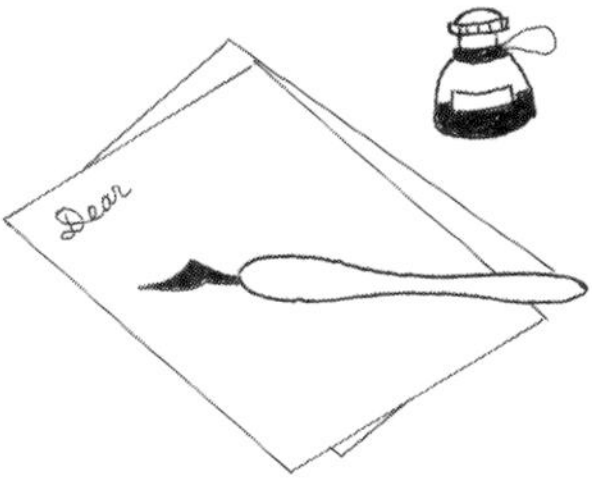

の名《な》を嫌《きら》い、自分《じぶん》でジュディという愛称《あいしょう》をつけます）にとってより新鮮《しんせん》なのは、寮《りょう》の部屋《へや》を自分好《じぶんごの》みに整《ととの》えることや、本物《ほんもの》の革《かわ》の手袋《てぶくろ》をもつことです。

両親《りょうしん》のいるふつうの家《いえ》でふつうに育《そだ》った（最近《さいきん》ではこれがふつうでなくなりつつあるともいわれていますが）者《もの》にはあたりまえのことを、一《ひと》つ一《ひと》つ驚《おどろ》きをもって語《かた》られると、それをあたりまえとしか感《かん》じられない自分《じぶん》が損《そん》をしているような気持《きも》ちにさえなります。

そんな日常《にちじょう》の中《なか》で、ふつうの女《おんな》の子《こ》であるジュディが、女《おんな》どうしの競争心《きょうそうしん》——もう少《すこ》しはっきりいえば、嫉妬《しっと》と見栄《みえ》の混《ま》じり合《あ》いの感情《かんじょう》を意識《いしき》するところは、さりげなく書《か》かれているだけに印象的《いんしょうてき》です。

あしながおじさんからクリスマスプレゼントにいただいたお金《かね》で買《か》ったものの中《なか》に、時計《とけい》や辞書《じしょ》にまじって、絹《きぬ》の靴下《くつした》があります。それを買《か》った動機《どうき》は「実《じつ》に下等《かとう》」。同室《どうしつ》のお金持《かねも》ちのお嬢様《じょうさま》ジューリアがそれを見《み》せつけるのに対抗《たいこう》しようというわけです。「この通《とお》りあたしは情《なさけ》ないでしょう。でも少《すく》なくともあたしは正直《しょうじき》よ」といいながら。

## これこそドラマという展開《てんかい》

なんとも自分勝手《じぶんかって》でいやらしいジューリアの叔父《おじ》であるジャーヴィー坊《ぼ》っちゃんの登場《とうじょう》によって、大学生活《だいがくせいかつ》にドラマが生《う》まれます。気《き》むずかしい変《か》わり者《もの》といわれ、手足《てあし》の長《なが》いこの叔父《おじ》さんは、どういうわけかジュディにはとても親切《しんせつ》です。そしてふしぎなことに、あしながおじさんが夏休《なつやす》みを過《す》ごすようにと紹介《しょうかい》してくれた牧場《ぼくじょう》は、ジャーヴィー坊《ぼ》っちゃんが小《ちい》さいころから夏《なつ》を過《す》ごしたところです。

ジュディの手紙《てがみ》の中《なか》には、しばしばジャーヴィー坊《ぼ》っちゃんが登場《とうじょう》するようになり……これから先《さき》は、推理《すいり》小説《しょうせつ》の種《たね》あかしをするようなものになるのでやめましょう。

ただ、この本《ほん》の結末《けつまつ》となる、ジュディからあしながおじさんへの最後《さいご》の手紙《てがみ》は、何度《なんど》読《よ》んでもドキドキするということだけいっておきましょう。本当《ほんとう》の最後《さいご》の言葉《ことば》は「P・S・　これは、あたしが生《う》まれて初《はじ》めて書《か》いたラブレターです。あたしがラブレターの書《か》き方《かた》を知《し》ってるなんて、おかしいでしょう！」です。

お話《はなし》の主人公《しゅじんこう》には、とても素敵《すてき》だけれど好《す》きになれない人《ひと》もいます。読《よ》む人《ひと》の好《この》みもあります。でもジュディが嫌《きら》いという人《ひと》があるかしら。わたしがこうしたいと思《おも》っていることを、ジュディも求《もと》めているという共感《きょうかん》がわいてきます。彼女《かのじょ》が夢《ゆめ》を実現《じつげん》できずに悩《なや》んでいるときはわたしとおなじだと思《おも》い、みごと成《な》し遂《と》げたときは〝わたしもやってみよう〟と思《おも》います。

そんな中《なか》でわたしが一番好《いちばんす》きなのは、次《つぎ》のような考《かんが》え方《かた》です。

「人生《じんせい》で、立派《りっぱ》な人格《じんかく》を要《よう》するのは、大《おお》きな困難《こんなん》にぶつかった場合《ばあい》ではないのです。だれだって一大事《いちだいじ》が起《お》これば奮《ふる》いたつことができます。また、心《こころ》を圧《お》し潰《つぶ》されるような悲《かな》しい事《こと》にも、勇気《ゆうき》をふるって当《あ》たることはできます。けれども、毎日《まいにち》のつまらないでき事《ごと》に、笑《わら》いながら当《あた》ってゆくには——それこそ元気《げんき》がいると思《おも》いますわ。」

どこにも大冒険《だいぼうけん》があるわけでもない平凡《へいぼん》な女子大《じょしだい》の生活《せいかつ》を題材《だいざい》にしているだけの話《はなし》なのに、一行一行《いちぎょういちぎょう》が、質《しつ》の高《たか》いユーモアにあふれ、しかもストーリーとしての伏線《ふくせん》にも富《と》んでいて、毎日《まいにち》の小《ちい》さなことが人生《じんせい》にとってどれだけたいせつかを教《おし》えてくれます。

何度《なんど》も読《よ》み返《かえ》すと、そのたびに一行《いちぎょう》から読《よ》みとれる内容《ないよう》が増《ふ》えてくる、とてもふしぎな本《ほん》です。

（ジーン・ウェブスター『あしながおじさん』引用は遠藤寿子訳、岩波文庫より）

『源平盛衰記《げんぺいせいすいき》』

# 疎開先《そかいさき》のたった一冊《いっさつ》の本《ほん》

本《ほん》が一冊《いっさつ》もない家《いえ》って、考《かんが》えられますか。お父《とう》さんが会社《かいしゃ》の帰《かえ》りに買《か》ってきた週刊誌《しゅうかんし》、読《よ》みかけのマンガ……もちろんそれだけではなく、本棚《ほんだな》にはいろいろな本《ほん》が並《なら》んでいる家《いえ》が多《おお》いと思《おも》います。

本《ほん》なんて、あるのがあたりまえ。お母《かあ》さんが、「もっと本《ほん》を読《よ》みなさい」などとばかりいってうるさいなあというのが、ほとんどの人《ひと》の本音《ほんね》だと思《おも》います。

わたしの家《いえ》にも、今《いま》は本《ほん》がたくさんあります。どの部屋《へや》にも本棚《ほんだな》があるのに、うっかりするとそこからはみ出《だ》してしまいます。あまり広《ひろ》くない家《いえ》なので、ときどき、本《ほん》ってじゃまだなあと思《おも》うことがあります。

でも、子《こ》どものころに〝本《ほん》がない〟という体験《たいけん》をしているだけに、うっかり処《しょ》分《ぶん》をすると本《ほん》がなくなってしまうのではないか、という気持《きも》ちがあって、もうあまり使《つか》わないだろうと思《おも》う本《ほん》でも、なかなか捨《す》てられずためこんでいます。

小学校《しょうがっこう》3年生《ねんせい》のときのことです。集団疎開《しゅうだんそかい》といって、空襲《くうしゅう》の激《はげ》しくなった東《とう》京《きょう》を離《はな》れて、学校《がっこう》の先生《せんせい》や友《とも》だちといっしょに山梨県《やまなしけん》の山《やま》の中《なか》で暮《く》らし始《はじ》めました。両親《りょうしん》や小《ちい》さな弟妹《おとうといもうと》と別《わか》れて、たった一人《ひとり》でのなれない山《やま》の暮《く》らしは、もちろん寂《さび》しかったけれど、東京《とうきょう》の家《いえ》のことを思《おも》い出《だ》しては、もう少《すこ》ししたらあの家《いえ》へ帰《かえ》ろうと、それを楽《たの》しみにがんばっていました。

ところが、4年生《ねんせい》になってしばらくしたころ、家《いえ》から知《し》らせが来《き》ました。

「もう東京《とうきょう》は危《あぶ》なくて暮《く》らしていられないので、愛知県《あいちけん》のほうへ家《いえ》じゅうで疎《そ》開《かい》をする。今度《こんど》は安心《あんしん》していっしょに暮《く》らせるところだから、迎《むか》えに行《い》ってあげる」というのです。

〝うれしい!〟そのときの気持《きも》ちは、その一語《いちご》に尽《つ》きました。迎《むか》えに来《き》てくれた父《ちち》といっしょに何時間《なんじかん》もの汽車《きしゃ》の旅《たび》をして、初《はじ》めて着《つ》いた家《いえ》。それは、東京《とうきょう》の家《いえ》にくらべて、はるかに小《ちい》さかったけれど、でも家族《かぞく》みんながいっしょのすばらしい場所《ばしょ》でした。

みんなと暮《く》らせる……その興奮《こうふん》がおさまって、家《いえ》の中《なか》を見《み》まわして、なんだかちがう、そう思《おも》いました。よくわからないけれど、なにかが……そこで気《き》づきました。家《いえ》の中《なか》に本《ほん》が一冊《いっさつ》もなかったのです。

東京《とうきょう》の家《いえ》は、玄関《げんかん》を入《はい》るとすぐの部屋《へや》に、父《ちち》の本棚《ほんだな》があって、そこにはむずかしそうな本《ほん》が並《なら》んでいました。まだぜんぜん読《よ》めはしませんでしたが、学校《がっこう》から帰《かえ》って来《く》るとまず眼《め》に入《はい》るのが、その本《ほん》たち。中《なか》でも、朱色《しゅいろ》に金《きん》の字《じ》が入《はい》った本《ほん》が一番《いちばん》きれいな顔《かお》をしていました。今思《いまおも》うと、それは夏目漱石全集《なつめそうせきぜんしゅう》だったのですが。とにかく、もう少《すこ》し大《おお》きくなったらあれを読《よ》もう、いつもそう思《おも》って、楽《たの》しみにそれを見《み》ていたのです。

「本《ほん》はどうしたの?」

わたしの質問《しつもん》に、父《ちち》は少《すこ》し眉《まゆ》をひそめながら答《こた》えました。

「今《いま》は、ほんの少《すこ》しの荷物《にもつ》しか送《おく》れないんだ。だから、生活《せいかつ》に必要《ひつよう》なものを入《い》れたら、もう本《ほん》は入《はい》らなかった。みんな置《お》いてきてしまったんだ」

そして、その本《ほん》は、その数《すう》か月後《げつご》に、家《いえ》といっしょにみんな焼《や》けてしまいました。

新《あたら》しい生活《せいかつ》が始《はじ》まってしばらくしたある日《ひ》、おとなりの家《いえ》へ遊《あそ》びに行《い》ったわたしは、その縁側《えんがわ》に一冊《いっさつ》の本《ほん》を見《み》つけました。とても厚《あつ》いその本《ほん》におそるおそる手《て》を出《だ》してパラパラとめくってみると、ビッシリとむずかしい字《じ》が並《なら》んでいます。表紙《ひょうし》には『源平盛衰記《げんぺいせいすいき》』。どうも大人《おとな》の本《ほん》らしい。でも、本《ほん》に飢《う》えていたわたしは、それを取《と》りあげて読《よ》み始《はじ》めました。

「そんなにおもしろい?」

急《きゅう》に上《うえ》から声《こえ》がしてびっくりして見上《みあ》げると、おとなりのおばさんです。すっかり読《よ》みふけってしまっていたらしいのです。

「読《よ》みたければ持《も》って帰《かえ》ってもいいのよ」

といってくださったときのうれしかったこと。

それから、その一冊《いっさつ》の本《ほん》を、何回《なんかい》もくり返《かえ》し読《よ》みました。清盛《きよもり》を中心《ちゅうしん》にした平《へい》家《け》の繁栄《はんえい》に始《はじ》まり、それが壇《だん》の浦《うら》で終《お》わるまでの間《あいだ》におこる数《かず》かずのエピソード、

それに源義経《みなもとのよしつね》や義仲《よしなか》との戦《たたか》いなど、日本《にほん》の歴史《れきし》の中《なか》でも最《もっと》も興味深《きょうみぶか》い時代《じだい》のお話《はなし》がたくさん盛《も》りこまれているのですから、本当《ほんとう》におもしろい。今《いま》でも、隅《すみ》から隅《すみ》まで覚《おぼ》えています。

その後、中学《ちゅうがく》や高校《こうこう》で歴史《れきし》が大好《だいす》きだったのも、このときに読《よ》んだ源氏《げんじ》と平家《へいけ》のお話《はなし》への興味《きょうみ》がきっかけになっているのかもしれません。

その後《ご》、少《すこ》しずつですが、本《ほん》を買《か》ってもらいました。新《あたら》しい学校《がっこう》でのお友《とも》だちから借《か》りることもできました。こうして、また本《ほん》のある生活《せいかつ》に戻《もど》っていったのですが、あの、ぜんぜん本《ほん》のなかった経験《けいけん》、その中《なか》でのたった一冊《いっさつ》の本《ほん》との出会《であ》いは、今《いま》でも、強烈《きょうれつ》な印象《いんしょう》で心《こころ》に残《のこ》っています。

# 知《し》ること、楽《たの》しむこと――科学読《かがくよ》みもののこと

「ケイ子《こ》ちゃんのおみやげは本《ほん》とキャラメル」。いつのころからか、わたしのまわりの人《ひと》の間《あいだ》では、こういわれるようになっていた。黄色《きいろ》い箱《はこ》の中《なか》の小《ちい》さな粒《つぶ》をときどき口《くち》に放《ほう》りこみながら本《ほん》を読《よ》む、これが子《こ》どものころのわたしのお好《この》みのスタイルだったからだ。

読《よ》む場所《ばしょ》は陽《ひ》のあたる広縁《ひろえん》だったり、庭先《にわさき》に出《だ》した籐椅子《とういす》だったり。ときには、門《もん》の前《まえ》の石段《いしだん》に腰《こし》かけて、近所《きんじょ》の友《とも》だちが遊《あそ》ぶ声《こえ》を聞《き》きながら読《よ》むのも好《す》きだった。

比較的自由《ひかくてきじゆう》に本《ほん》が手《て》に入《はい》る状態《じょうたい》は、小学校《しょうがっこう》2年生《ねんせい》くらいまでだったので（その後《あと》は戦争《せんそう》が激《はげ》しくなって集団疎開《しゅうだんそかい》したりしたために、本《ほん》を買《か》ってもらうことがほとんどなくなってしまった）、読《よ》んだ記憶《きおく》にあるのは、子《こ》ども雑誌《ざっし》と童話《どうわ》だ。『キンダーブック』、『コドモノクニ』、浜田広介《はまだひろすけ》や坪田譲治《つぼたじょうじ》。こう書《か》いていくと、今《いま》でもさし絵《え》の子《こ》どもたちのまるいほっぺた、ちょっと太《ふと》めの足《あし》にはいた下駄《げた》の鼻緒《はなお》の赤《あか》い色《いろ》などが眼《め》の前《まえ》にうかんでくる。

けれども、この記憶《きおく》のスライドの中《なか》には、科学読《かがくよ》みものというジャンルに入《はい》りそうなものはあらわれてこない。

たしか、兄《あに》の本箱《ほんばこ》には『子供《こども》の科学《かがく》』という雑誌《ざっし》のほか、科学《かがく》と名《な》のついた本《ほん》が並《なら》んでいた。けれど、〝あれは男《おとこ》の子《こ》の本《ほん》〟という気持《きも》ちがあって、のぞいてみようとは思《おも》わなかった。

子《こ》どものころはもっぱらラジオづくりで過《す》ごし、『子供《こども》の科学《かがく》』の愛読者《あいどくしゃ》だったという夫《おっと》の話《はなし》によれば、「たとえのぞいたって、君《きみ》にはチンプンカンプンだったろうよ」だそうだから、一度《いちど》のぞいて敬遠《けいえん》したのかもしれない。

では、子《こ》ども時代《じだい》の読書《どくしょ》は今《いま》の仕事《しごと》とまったく無関係《むかんけい》か、というとそうではない。あのころ読《よ》んだ童話《どうわ》の中《なか》に描《えが》かれていた自然《しぜん》、あれがわたしの科学《かがく》の原点《げんてん》なのではないかと思《おも》うからだ。たまたま手元《てもと》にある、小川未明《おがわみめい》を拾《ひろ》い読《よ》みしてみると、水草《みずくさ》の生《は》えた小《ち》さな池《いけ》が冬《ふゆ》から春《はる》へと移《うつ》っていくようすがみごとに描《えが》き出《だ》されている。

それは子《こ》どものころのわたしの身近《みぢか》なできごとそのままで、おままごと用《よう》にハコベやカタバミを摘《つ》みに行《い》った近所《きんじょ》の原《はら》っぱの春《はる》を思《おも》い出《だ》させる。子《こ》どもではみすごしてしまう小《ち》さな自然《しぜん》の動《うご》きを、作家《さっか》の鋭《するど》い眼《め》で描写《びょうしゃ》してあるのだ。わたしが科学研究《かがくけんきゅう》の対象物《たいしょうぶつ》の中《なか》にも美《うつく》しさを求《もと》めてしまうのは、多分《たぶん》こんなところに原因《げんいん》があるのだと思《おも》う。顕微鏡《けんびきょう》の中《なか》の世界《せかい》は、小人《こびと》の国《くに》の延長《えんちょう》なのだ。

科学読《かがくよ》みものは、科学的事実《かがくてきじじつ》を知識《ちしき》として与《あた》えてくれたり、解説《かいせつ》をしてくれたりするだけのものではない。わたしたちはみんな自然《しぜん》を愛《あい》する気持《きも》ちをもっているし、身近《みぢか》で新《あたら》しい発見《はっけん》をしたときの驚《おどろ》きは、またとない喜《よろこ》びを与《あた》えてくれる。けれども、自分《じぶん》の経験《けいけん》や気持《きも》ちを他《ほか》の事柄《ことがら》と関係《かんけい》づけて整理《せいり》するのはむずかしい。そんなときの気持《きも》ちを的確《てきかく》に表現《ひょうげん》し、事実《じじつ》の解説《かいせつ》をしてくれる本《ほん》にぶつかったときは、ああ、わたしの求《もと》めていたものはこれなんだ、とうれしくなる。そして、それが興味《きょうみ》をさらに高度《こうど》なところへ引《ひ》っぱっていってくれるものであれば申《もう》し分《ぶん》ない。

その意味《いみ》で、最近《さいきん》は心《こころ》魅《ひ》かれる科学読《かがくよ》みものが多《おお》くなった。幼稚園時代《ようちえんじだい》に、夏《なつ》の大三角形《だいさんかくけい》を見《み》つけたことがきっかけで、『星座《せいざ》を見《み》つけよう』（レイ文《ぶん》・絵《え》、福音《ふくいん》館書店《かんしょてん》）、『宇宙《うちゅう》』（加古里子文《かこさとしぶん》・絵《え》、福音館書店《ふくいんかんしょてん》）などという本《ほん》をいっしょに楽《たの》しく読《よ》んだ子《こ》どもたちは、今《いま》、望遠鏡《ぼうえんきょう》で星《ほし》を眺《なが》めることがおもしろくなっている。星《ほし》のきれいな日《ひ》は寒《さむ》いことが多《おお》いので、つきあうのは大変《たいへん》だけれど。

今年《ことし》のお正月《しょうがつ》、お年賀《ねんが》からの帰《かえ》りが9時《じ》ごろになってしまった。電車《でんしゃ》を降《お》りたとたん、空《そら》を見上《みあ》げた子《こ》どもたちが〝すごい！〟と歓声《かんせい》をあげた。ふだんより空《くう》気《き》がきれいなためだろうか、久《ひさ》しぶりにすばらしい星空《ほしぞら》だった。家《いえ》へ帰《かえ》り着《つ》いてからも、〝こんな日《ひ》に家《いえ》へ入《はい》ってしまうのは惜《お》しい〟と、娘《むすめ》はマフラーですっぽり頭《あたま》を包《つつ》み、手袋《てぶくろ》をしっかりはめて、庭《にわ》の芝生《しばふ》の上《うえ》にあお向《む》けに寝転《ねころ》んでしまった。

〝寒《さむ》い寒《さむ》い〟と身《み》を縮《ちぢ》めながら部屋《へや》の中《なか》に入《はい》りこんだ母親《ははおや》は、なんと感受性《かんじゅせい》のない人間《にんげん》かと、轟々《ごうごう》の非難《ひなん》を浴《あ》びる始末《しまつ》。30分《ぷん》ほどして、寒《さむ》さにほっぺたを赤《あか》くしながら家《いえ》に入《はい》ってきた子《こ》どもの眼《め》は、星《ほし》とおなじくらい輝《かがや》いていた。

そんなあとでは、今《いま》でもよく『星座《せいざ》を見《み》つけよう』がひっぱり出《だ》される。中学《ちゅうがく》生《せい》になっても、本《ほん》だなに並《なら》んでいるのだ。そして、彼《かれ》らよりはるかに星《ほし》に関《かん》する知識《ちしき》のとぼしい母親《ははおや》にもたいせつな本《ほん》、そしていつ読《よ》んでも楽《たの》しい本《ほん》だ。

子《こ》どもの本《ほん》だから程度《ていど》は低《ひく》いだろうとか、手《て》が抜《ぬ》いてあるだろう、などという既成概念《きせいがいねん》をもっていたら、大《おお》まちがい。専門外《せんもんがい》の問題《もんだい》の場合《ばあい》など、基本的《きほんてき》な考《かんが》え方《かた》を理解《りかい》するのには、子《こ》どもの本《ほん》のほうが役《やく》に立《た》つことも多《おお》い。

子《こ》どもとか、科学《かがく》とかいう言葉《ことば》にとらわれずに、科学読《かがくよ》みものを手《て》にとってみれば、意外《いがい》な楽《たの》しさが発見《はっけん》できると思《おも》う。

# エピローグ　生《い》きているって

# いきて　いるって――いのちの　ふしぎ

あさ　めが　さめたら
しんこきゅうを　して　みましょう
すうっと　いきを　すって　しずかに　はく
きもちが　いいでしょう
いつもは　きが　つかないけれど
いきを　するのは　いきて　いる　こと
あさの　ごはんを
みんなと　いっしょに　たべましょう
よく　かんだ　ごはんが　おなかに　はいって　いく

しあわせでしょう
いつもは　きが　つかないけれど
たべるのは　いきて　いる　こと

がっこうに　ついたら
おともだちと　あそびましょう
なわとびも　てつぼうも　じゃんけんも
たのしいでしょう
みんなと　わらいながら
あそべるのは　いきて　いるから

いきを　したり　たべたり　あそんだり

いきて　いるって　あたりまえだけれど
でも　ちょっと　ふしぎ

生《い》きているなかま――みんな生《い》きている

「今年《ことし》は、自分《じぶん》でトマトを育《そだ》ててみたいなあ。」

去年《きょねん》の夏休《なつやす》みに、農家《のうか》にとまって畑《はたけ》のおてつだいをしたやよいさんがいいました。畑《はたけ》でまっかになったトマトを、自分《じぶん》でもいで食《た》べたときのおいしさがわすれられないのです。そのトマトはとてもあまくて、お日《ひ》さまの味《あじ》がしました。

そこで、やよいさんは、ベランダにプランターをおき、トマトを育《そだ》てることにしました。園芸店《えんげいてん》に土《つち》とひりょうとなえを買《か》いに行《い》きました。お店《みせ》のおじさんが、

「毎日《まいにち》の世話《せわ》をわすれずに、かわいがってね。」

といいながら、元気《げんき》そうななえをえらんでくれました。

プランターに植《う》えたなえは、20センチぐらいです。どこにも実《み》などついていません。本当《ほんとう》においしいトマトができるのか、ちょっと心配《しんぱい》です。

次《つぎ》の日《ひ》の朝《あさ》、やよいさんはいつもより早《はや》く起《お》きて、トマトに水《みず》やりです。次《つぎ》の日《ひ》も、その次《つぎ》の日《ひ》も、トマトのようすを見《み》に行《い》きました。朝《あさ》ねぼうで、おふとんをはがされないと起《お》きないこともあったのに、トマトを育《そだ》て始《はじ》めてからは、自分《じぶん》で起《お》きるようになりました。

今朝《けさ》、やよいさんは、水《みず》やりをしながら、

「早《はや》く大《おお》きくなってね。」

と、トマトに話《はな》しかけました。

トマトは生《い》きものです。だから、小《ちい》さななえがのびて、葉《は》が大《おお》きくなり、花《はな》がさき、実《み》がなるまで育《そだ》ちます。やよいさんも、小《ちい》さな赤《あか》ちゃんだったのに、ずいぶん大《おお》きくなりました。おなじですね。思《おも》わずトマトに話《はな》しかけたのは、毎日《まいにち》だいじにしているうちに、トマトがやよいさんにとって生《い》きているなかまになったからでしょう。

このごろやよいさんは、プランターのまわりを歩《ある》いているアリや、ときどきとんでくるスズメにもお話《はなし》をするようになりました。みんな生《い》きているんだ、なかまなんだという気《き》持《も》ちが生《う》まれてきて、楽《たの》しくなってきました。

夏《なつ》のある日《ひ》、やよいさんは、赤《あか》くなったトマトをていねいにつみました。そして、家族《かぞく》といっしょに食《た》べました。

「おいしいね。」

みんなえがおです。もちろん、いっしょうけんめい大《おお》きくなって実《み》をつけたトマトに、ありがとうという気《き》持《も》ちをこめて、大《おお》きな声《こえ》で「いただきます。」をいいましたよ。

## 生《う》まれるということ――つながるいのち

ぞうさん
ぞうさん
おはなが　ながいのね
そうよ
かあさんも　ながいのよ

これは、まど・みちおさんの書《か》いた「ぞうさん」です。みなさんもよく知《し》っている歌《うた》ですね。

いろいろなどうぶつが通《かよ》っている学校《がっこう》で、お友《とも》だちが、「ぞうさん、はなが長《なが》いのね。ほかにはそんなに長《なが》いはなの子《こ》どもはいないよ。」といったのでしょうか。そこで、ぞうさんは答《こた》えます。「そうよ。でも、おかあさんも長《なが》いのよ。」

ぞうさんのおかあさんは、もちろんぞうです。はなの長《なが》いおかあさんぞうから、おなじように長《なが》いはなをもった子《こ》どものぞうが生《う》まれたのです。

ぞうさん
ぞうさん
だれが　すきなの
あのね

かあさんが　すきなのよ

ぞうさんの気持《きも》ちが、とてもよく出《で》ていますね。生《い》きもの生《う》まれてくるときに、「大《だい》すき」という気持《きも》ちもいっしょに生《う》まれるのではないかしら。

おとうさんとおかあさんが出会《であ》ったので、あなたが生《う》まれました。そして、おとうさんも、おかあさんも、それぞれのおじいちゃんとおばあちゃんが出会《であ》って生《う》まれたのです。

生《う》まれるということが、みんなをつないでいるのです。

いのちは、つながっているのですね。

## 生《い》きものと機械《きかい》——ちがいを見《み》よう

あなたは犬《いぬ》をかっていますか。学校《がっこう》から帰《かえ》ると、とんできてしっぽをふるすがたは本当《ほんとう》にかわいいですね。家《いえ》に犬《いぬ》がいなくても、近所《きんじょ》のお友《とも》だちといっしょに散歩《さんぽ》をしている犬《いぬ》の頭《あたま》を、なでてあげたことはあるでしょう。

ところで、犬《いぬ》にそっくりのロボットがありますね。形《かたち》が似《に》ているだけでなく、しっぽをふったり、ボールを追《お》いかけたりすることができて、とてもかわいいです。

本物《ほんもの》の犬《いぬ》とロボットの犬《いぬ》をくらべると、おなじところがたくさんあります。でも、どこかちがいますね。ちがうところをさがしてみましょう。

草原《そうげん》に入《はい》りこんだ犬《いぬ》が、植物《しょくぶつ》のとげでけがをすることがあります。小《ちい》さなきずなら自然《しぜん》に治《なお》りますね。あなたもおなじように、小《ちい》さなすりきずなら、きれいな水《みず》でよくあらっておけば数日《すうじつ》で治《なお》ります。大《おお》きなけがをしたときには、薬《くすり》を付《つ》けたり、ときにはぬったりする必要《ひつよう》もあるかもしれません。でも、犬《いぬ》もあなたも生《い》きものなので、きずを自分《じぶん》で治《なお》そうとする力《ちから》をもっています。治《ち》りょうをしたとしても、自分《じぶん》で治《なお》す力《ちから》がはたらかなければ、きずは治《なお》りません。

もし、ロボットの犬《いぬ》にきずがついたらどうでしょう。ロボットは、本物《ほんもの》の犬《いぬ》とおなじことがたくさんできますが、きずを自分《じぶん》で治《なお》すことはできません。ですから、一度《いちど》ついたきずはいつまでも残《のこ》ります。自分《じぶん》で自分《じぶん》をつくり出《だ》す力《ちから》はないのです。それが機械《きかい》です。

ところで、あなたはけがをするといたみを感《かん》じますね。感《かん》じたいたみを取《と》りのぞきたいという気持《きも》ちは、きずを治《なお》そうとする力《ちから》につながります。しかも、わたしたち人間《にんげん》は、他《ほか》の人《ひと》や生《い》きものがきずついているのを見《み》たとき、いたいだろうなと思《おも》いやる気持《きも》ちをもちます。これは人間《にんげん》がもつとてもだいじな能力《のうりょく》の一《ひと》つで、機械《きかい》とは特《とく》に大《おお》きくちがうところです。

このように人間《にんげん》は、自分《じぶん》の体《からだ》を治《なお》そうとする、生《い》きる力《ちから》のある生《い》きものですが、重《おも》い病気《びょうき》や大《おお》きなけがで生《い》き続《つづ》けることがむずかしいときは、残念《ざんねん》ですが死《し》にます。一《ひと》つの生《い》きものが死《し》んだら、おなじものはもういなくなってしまいます。死《し》んだ生《い》きものが生《い》き返《かえ》れないのはもちろん、まったくおなじ生《い》きものがあらわれることも決《けっ》してありません。いっぽう、ロボットの犬《いぬ》は、こわれたらそれとまったくおなじものをつくることができます。機械《きかい》はおなじものをたくさんつくれるのです。

生《い》きものと機械《きかい》のちがいについて考《かんが》えると、生《い》きる力《ちから》をもっている生《い》きもの、おなじものは決《けっ》してそんざいしない生《い》きもののたいせつさやふしぎさがわかってきますね。

## いのちのつながり——ものみな一《ひと》つの細胞《さいぼう》から

あなたは今《いま》、ここにいる。いつもはあたりまえと思《おも》っているけれど、ときどきふしぎになるでしょう。机《つくえ》の上《うえ》の本《ほん》は、つくった人《ひと》がいるからここにあるのですし、コチコチ動《うご》いている時計《とけい》も、つくった人《ひと》がいます。では、あなたをつくった人《ひと》はいるでしょうか。

いませんね。あなたは生《い》きものとして生《う》まれてきたのです。あなたは、お母《かあ》さんから生《う》まれました。もう少《すこ》しくわしく考《かんが》えましょう。お父《とう》さんの精子《せいし》とお母《かあ》さんの卵子《らんし》がいっしょになって受精卵《じゅせいらん》になり、それがお母《かあ》さんのおなか（子宮《しきゅう》）の中《なか》で育《そだ》って生《う》まれてきたのがあなたです。生《い》きものは、生《い》きものからしか生《う》まれないという決《き》まりがあります。

あなたは、お父《とう》さんとお母《かあ》さんの性質《せいしつ》を半分《はんぶん》ずつ受《う》けついだことによって、新《あたら》しい組《く》み合《あ》わせの性質《せいしつ》になりました。しかも、生《う》まれてからの一日一日《いちにちいちにち》を、あなたらしく生《い》きてきたのですから、この世《よ》にあなたとおなじ人《ひと》は、一人《ひとり》もいません。あなたはたった一《ひと》つの存在《そんざい》ですし、お友《とも》だちも一人一人《ひとりひとり》、みんなたった一《ひと》つの存在《そんざい》なのです。それが生《い》きもののすばらしさですね。

ところで、両親《りょうしん》がいたのであなたが生《う》まれてきましたが、両親《りょうしん》はどうしてこの世《よ》にいたのでしょう。

もうわかりますね。両親《りょうしん》のそれぞれに両親《りょうしん》がいたからです。このようにして祖先《そせん》をたどっていくと、日本人《にほんじん》の始《はじ》ま

親子は似ているけど、ちがう

りが見《み》えてきますし、もっとさかのぼると、世界中《せかいじゅう》の人《ひと》の始《はじ》まりが見《み》えてきます。調《しら》べていくと、人類《じんるい》はチンパンジーとおなじ祖先《そせん》をもつことがわかってきました。そして、もっともっとさかのぼると、海《うみ》にすむ魚《さかな》とおなじ祖先《そせん》をもつこともわかりました。こうしてさかのぼっていくと、38億年《おくねん》という、とんでもない大《おお》むかしに海《うみ》の中《なか》で生《う》まれた細胞《さいぼう》に行《い》き着《つ》くのです。

実《じつ》は、庭《にわ》を歩《ある》いているアリたちもおなじように祖先《そせん》をたどることができ、最後《さいご》は38億年前《おくねんまえ》のおなじ細胞《さいぼう》に行《い》き着《つ》きます。バラもキノコも、生《い》きものはみんな38億年前《おくねんまえ》から続《つづ》いてきて、今《いま》ここにいるのです。

38億年《おくねん》の間《あいだ》には、大《おお》きな噴火《ふんか》や地震《じしん》があったり、ときには宇宙《うちゅう》からのいん石《せき》がぶつかったりという大《おお》きな事件《じけん》がたくさんありました。地球《ちきゅう》が凍《こお》ったときもあります。そのたびに、多《おお》くの生《い》きものが絶滅《ぜつめつ》しました。でも生《い》きものの中《なか》に、なんとか生《い》き残《のこ》り、生《い》き続《つづ》けるなかまがいたので、今《いま》も生《い》きものが存在《そんざい》しています。

あなたは今《いま》、ここにいる。それは長《なが》い長《なが》い間《あいだ》、いのちをつないできた生《い》きものたちがいてくれたからこそなのです。長《なが》い時間《じかん》のつながりを考《かんが》えると、生《い》きていることをたいせつにしなければいけないと思《おも》えるでしょう。

そして、これからもいのちがつながっていくようにと願《ねが》う気持《きも》ちが、生《う》まれてくるでしょう。それにはまず、あなたが自分《じぶん》のいのちをたいせつにしなければなりません。もちろん他《ほか》の人《ひと》のいのちも、人間以外《にんげんいがい》のすべての生《い》きもののいのちもたいせつです。

これまでいのちをつないできてくれた、たくさんの生《い》きものに感謝《かんしゃ》しながら、これからもずっと、いのちをつないでいく自分《じぶん》の役割《やくわり》を忘《わす》れずにいましょう。いのちは、あなただけのものではないのですから。

## 「おなじでちがう」――一人一人《ひとりひとり》のいのちのすばらしさ

「おなじでちがう」。

そんなことないよ。おなじならおなじだし、ちがうものはちがうよと思《おも》うでしょう。でも「おなじでちがう」ものがあるのです。それも、とても近《ちか》いところに。

答《こた》えは、「あなた」です。一年生《いちねんせい》になって、先生《せんせい》に、初《はじ》めて名前《なまえ》を呼《よ》ばれたときのことを覚《おぼ》えていますか。クラスのお友《とも》だちからも、「たろうくん」とか「かおりさん」と呼《よ》ばれましたね。生《う》まれたときにつけてもらった名前《なまえ》が変《か》わらないように、あなたはずっとおなじ人《ひと》として生《い》きてきたのです。

でも、一年生《いちねんせい》のときのあなたと今《いま》のあなたはちがいます。身長《しんちょう》は高《たか》くなり、体《たい》重《じゅう》も増《ふ》えました。大《おお》きくなるために食事《しょくじ》をしますね。そこで食《た》べる鳥《とり》や魚《さかな》などの肉《にく》が、あなたの胃《い》や腸《ちょう》の中《なか》で小《ちい》さな成分《せいぶん》に分解《ぶんかい》され、あなたの筋肉《きんにく》をつくります。毎日新《まいにちあたら》しい成分《せいぶん》で、あなたがつくられます。こうして、あなたはいつも変《か》わり続《つづ》けているのです。一秒前《いちびょうまえ》のあなたと今《いま》のあなたは、もうちがいます。このようにちがうけれど、でもあなたは、他《ほか》のだれでもない、他《ほか》におなじ人《ひと》は一人《ひとり》もいないあなたとして、一生《いっしょう》を生《い》きていくのです。

常《つね》にちがっているけれど、一生《いっしょう》おなじ人間《にんげん》であり、おなじだけれど、いつもちがっている。「おなじでちがう」し、「ちがうけれどおなじ」であるのが生《い》きも

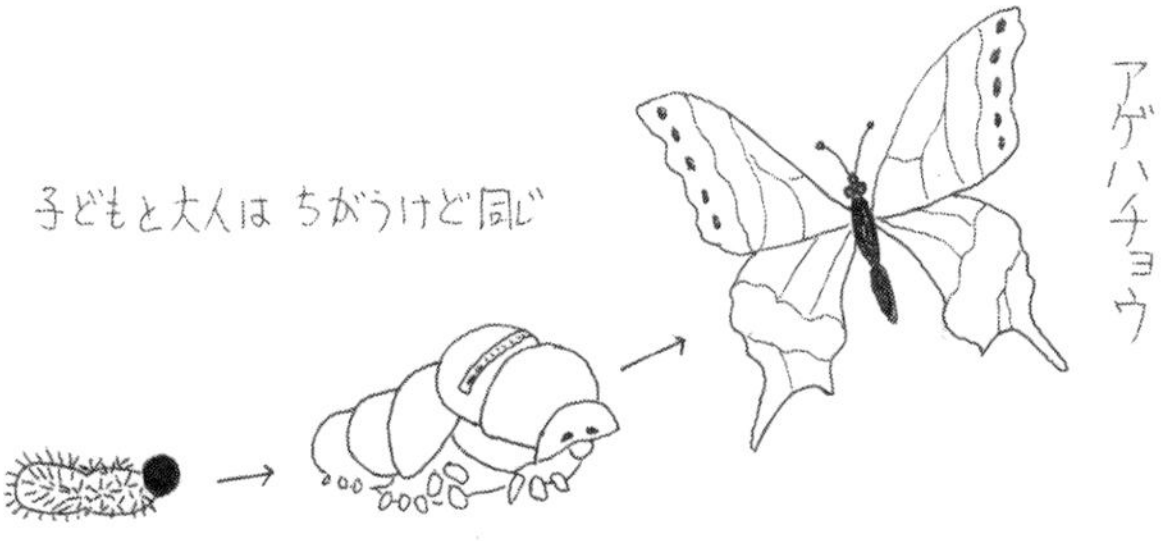


ふ化直後　　4回脱皮のあと

のの特徴《とくちょう》です。ちょっとふしぎな気持《きも》ちになるかもしれませんが、おなじ自分《じぶん》をたいせつにすると同時《どうじ》に、いつもなにか新《あたら》しいことを求《もと》めて変《か》わっていこうとするのが、生《い》きるということなのです。

あなたの中《なか》にある「おなじでちがう」がわかったところで、クラスのお友《とも》だちのことを考《かんが》えてみましょう。一人一人《ひとりひとり》ちがいますね。算数《さんすう》が好《す》きな人《ひと》、絵《え》がじょうずな人《ひと》、かけっこが速《はや》い人《ひと》など、それぞれ得意《とくい》なところがちがうでしょう。でも、みんな人間《にんげん》であるというところはおなじです。ここにも「おなじでちがう」がありました。一人一人《ひとりひとり》みんなちがっているけれど、「人間《にんげん》である」ところはおなじという考《かんが》え方《かた》をもつのは、とてもだいじなことです。

クラスから広《ひろ》げて、日本中《にほんじゅう》、さらには世界中《せかいじゅう》の人《ひと》を考《かんが》えると、約《やく》70億《おくにん》人もの人《ひと》が、一人一人《ひとりひとり》みんなちがいます。でも、みんな「人間《にんげん》である」ところはおなじです。しかも最近《さいきん》の研究《けんきゅう》で、世界中《せかいじゅう》の人《ひと》の祖先《そせん》をたどると、すべて20万年《まんねん》ほど前《まえ》にアフリカでくらしていた人《ひと》びとに行《い》き着《つ》くことがわかりました。ここにも「ちがうけれどおなじ」があります。

一人一人《ひとりひとり》はちがいます。でも、人間《にんげん》としてはおなじというところがあるからこそ、仲《なか》よくくらすことができるのです。まず、みんなおなじということをたいせつに、でも、みんながちがうからこそすばらしい世界《せかい》ができるのだということも、おなじようにたいせつにできるといいですね。

「おなじでちがう」。「ちがうけれどおなじ」。くり返《かえ》しいっていると、人間《にんげん》として生《い》きていることが楽《たの》しくなってきませんか。

# あとがき

生命誌《せいめいし》について、また生命誌《せいめいし》をめぐってこれまで書《か》いてきたものを集《あつ》めて「コレクション」をつくりましょう、といっていただきました。そこで、「生命誌《せいめいし》」という考《かんが》え方《かた》やそこで行《おこ》なっていることをまず伝《つた》えたいのは、次《つぎ》の社会《しゃかい》をつくっていく人《ひと》たちだと思《おも》いました。子《こ》どもたちです。

でもあまり小《ちい》さい人《ひと》にわかってもらうのはむずかしいだろうな。小学校《しょうがっこう》から中《ちゅう》学校《がっこう》へと移《うつ》る12歳《さい》ならわかってくれるのではないかしら。しかもそのころは、生《い》きるということについて自分《じぶん》で真剣《しんけん》に考《かんが》え始《はじ》めるころだと思《おも》うし、12歳《さい》の人《ひと》たちにわかってもらえたらうれしいなと思《おも》いました。

編集《へんしゅう》の人《ひと》たちが、たくさんの資料《しりょう》の中《なか》から選《えら》んでくれたのが、この本《ほん》です。直《ちょく》接《せつ》12歳《さい》の人《ひと》たちに向《む》けて書《か》いているものはあまりないので、読《よ》み直《なお》してみて、言《こと》葉《ば》がちょっとむずかしいかなと思《おも》う文《ぶん》がいくつもありました。

そこで今《いま》、こう考《かんが》えています。12歳《さい》の人《ひと》たちが、お父《とう》さんやお母《かあ》さん、ときにはお兄《にい》さんやお姉《ねえ》さんといっしょに読《よ》んでくれるとうれしいな。みんなでお話《はな》し合《あ》いをして、それぞれの考《かんが》え方《かた》をわかり合《あ》うのもおもしろいのではないかしら、と。

本音《ほんね》は、大人《おとな》にも生命誌《せいめいし》に関心《かんしん》をもっていただきたい、と思《おも》ってのことです。

生《い》きるってどういうことだろう。大人《おとな》も子《こ》どもも、今真剣《いましんけん》にこれを考《かんが》えなければならないと思《おも》っています。

ＡＩやロボットの技術《ぎじゅつ》がぐんぐん進《すす》み、生命科学《せいめいかがく》の技術《ぎじゅつ》も次《つぎ》つぎ開発《かいはつ》されていますから、技術《ぎじゅつ》の中《なか》に人間《にんげん》が埋《う》もれこんでしまう危険《きけん》が大《おお》きくなっています。技《ぎ》術《じゅつ》は人間《にんげん》が使《つか》うものです。人間《にんげん》ってなんだろう。どう生《い》きるのが本当《ほんとう》に生《い》きることになるのか。考《かんが》えれば考《かんが》えるほどわからなくなってきます。でも、38億年続《おくねんつづ》いてきた生《い》きものはすごい、という事実《じじつ》をだいじにしたいのです。

「人間《にんげん》は生《い》きものであり、自然《しぜん》の一部《いちぶ》である」というあたりまえのことをだいじにするしかないのではないかしら。しかもきっとそれをだいじにして毎日《まいにち》を暮《く》らすと、楽《たの》しいんじゃないかしら。そう思《おも》って、生命誌《せいめいし》についていろいろな人《ひと》と語《かた》り合《あ》い、どんなふうに生《い》きていくかを探《さぐ》っていきたいと考《かんが》えています。この本《ほん》に集《あつ》めた文章《ぶんしょう》には、その思《おも》いがこめられています。

DNAとかゲノムとか細胞《さいぼう》とかいう言葉《ことば》が気《き》になるかもしれませんが、何度《なんど》も何度《なんど》も出《で》てきますから、少《すこ》しずつなれて、自分《じぶん》のものにしてくれるととてもうれしいです。

生命誌《せいめいし》はいつも動詞《どうし》で考《かんが》えています。たとえば「生命《せいめい》」ではなく「生《い》きる」というように。そこで、このコレクションもそれぞれに動詞《どうし》をあてました。「12歳《さい》の生命誌《せいめいし》」は「あそぶ」です。とくに遊《あそ》びについて書《か》いた文《ぶん》があるわけではありませんが、「あそぶ」は「生《い》きる」ことの中《なか》でとてもたいせつなことなのです。

決《き》まりきった構造《こうぞう》をもち、決《き》まりきったはたらきをする機械《きかい》とちがって、生《い》きものは融通《ゆうづう》がききます。実《じつ》は、機械《きかい》でもあまりにもキチキチに決《き》まっていると動《うご》かない。少《すこ》し余裕《よゆう》が必要《ひつよう》で、それを「遊《あそ》び」といいます。

生《い》きものにはこの「遊《あそ》び」がたくさんあります。そして遊《あそ》びをいちばん必要《ひつよう》とするのは子《こ》どもです。生《い》きることのかなりの部分《ぶぶん》が遊《あそ》びになっています。遊《あそ》ばない子《こ》どもは子《こ》どもじゃないのかもしれない。そんな気持《きも》ちで「あそぶ」にしました。

いろいろなところで書《か》いた文《ぶん》を集《あつ》めましたので、おなじことがくり返《かえ》しくり返《かえ》し出《で》てきます。「生《い》きものはみんななかま」とか。38億年《おくねん》の歴史《れきし》とか。でもそれはどれもたいせつなことなのでくり返《かえ》されているのだと受《う》け止《と》めてください。

ここでもう一度《いちど》、「人間《にんげん》は生《い》きもので自然《しぜん》の一部《いちぶ》」「生《い》きものにとって遊《あそ》ぶはたいせつ」と、おまじないのように唱《とな》えてみましょうか。

たくさんの文《ぶん》を読《よ》んでそこから選《えら》んでくださった編集《へんしゅう》の山﨑優子《やまざきゆうこ》さん、柏原怜子《かしはられいこ》さん、甲野郁代《こうのいくよ》さん、本当《ほんとう》にありがとうございます。装丁《そうてい》の作間順子《さくまじゅんこ》さんとカットの本間都《ほんまみやこ》さんにも心《こころ》からお礼《れい》を申《もう》し上《あ》げます。

そして、養老孟司先生《ようろうたけしせんせい》は、すてきな女性科学者《じょせいかがくしゃ》たちを例《れい》に、生《い》きていることを自分《じぶん》のこととして考《かんが》えることのたいせつさをみごとに書《か》いてくださいました。女《おんな》の人《ひと》は科学《かがく》には向《む》かないなどといわれることもありますが、そんなことはありません。とくに生《い》きものの科学《かがく》は女《おんな》の人が活躍《かつやく》する場《ば》だと思《おも》います。ただこのときの科学《かがく》は生《い》きものを機械《きかい》のように見《み》るのではないということをもう一度《いちど》いいたいと思《おも》います。生《い》きものがもつ特別《とくべつ》のふしぎさを感《かん》じながら考《かんが》える学問《がくもん》です。

12歳《さい》の女《おんな》の子《こ》、これから活躍《かつやく》してください（もちろん男《おとこ》の子《こ》もです）。

12歳《さい》のころを思《おも》い出《だ》しながら

中村桂子《なかむらけいこ》

# 初出一覧

*タイトルは初出から変更した場合がある

12歳のあなたへ――はじめに　書き下ろし

## 1　〝生きている〟を見つめる

生き物はつながりの中に　『国語』（小学六年生）光村図書

体を守る仕組み　『国語』（小学四年生）光村図書

思い切り生きることは共に生きること　『道徳と特別活動』文渓堂　二〇〇五年一二月

「支えあういのち」を尊ぶ生き方――「生命誌」からみた生命の重み　『仏教の生活』二〇〇四年秋

〝生きている〟をよく見て考えよう　『京の子ども明日へのとびら』大阪書籍　二〇〇七年

学校の引力　『幼児開発』幼児開発協会　一九八四年一月

## 2　「いのち」って？

「いのち」って何　『子どもだって哲学』佼成出版社　二〇〇七年七月

今ここにわたしがいる不思議　『禅の友』一九九三年五月

3　童話のひみつ

『朝日小学生新聞』連載　一九八四年五月一五日〜三一日

4　なぜ？　どうして？

ラジオ番組「ＮＨＫ子ども科学電話相談」をもとに再構成

5　本の世界

五味太郎『にているね⁉』心が生み出す世界　『かがくのとも』二〇一一年四月
安野光雅『ふしぎなえ』想像と本質との組合せ　『絵本のたのしみ』二〇〇一年一月
手塚治虫『ぼくのマンガ人生』〝チビで眼鏡でガジャボイ頭〟の少年が……　『毎日新聞』一九九七年六月八日
ウェブスター『あしながおじさん』平凡の中のユーモア　『児童文学の魅力』一九九五年
『源平盛衰記』疎開先のたった一冊の本　『小五教育技術』小学館　一九八七年一月
知ること・楽しむこと　『子どもの本棚』日本子どもの本研究会　一九八一年

エピローグ　生きているって

『道徳』教科書　光村図書

# 解説——生物学と女性

養老孟司

著者の中村桂子さんは、私よりたぶん二つ年上のお姉さんです。ともに80歳を過ぎた爺婆に、年長もクソもないだろうが。若い人なら、まあそう思うかもしれませんね。

「はじめに」で中村さんがちょっと触れています。それは小学生時代、戦争中からその直後くらいのこと。この時代の影響はとても大きいんですよ。いまになると、私はそう思いますね。言葉にしてしまえば、疎開や食糧難の思い出です。でもそういう一言で片付くような体験ではないんですね。中村さんと私は、その意味では同世代に属しています。古い言葉で言えば一種の戦友です。別な場所ですが、ともになにかと必死で戦っていた。

私の場合、もう一つ、教科書の墨塗りがありました。中村さんは触れてませんけどね。

イヤというほど本は書きますが、私は根本的には言葉を信用してません。言葉が優越すると、現実には間違いが生じやすい。いつも虫を見ているのには、そのことがあります。大学時代の仕事だった解剖もそうです。目の前にあるものをなんとか言葉にする。名前を付ける。言葉はそうしてできてきます。でもその背景には、モノがあるんですね。言葉がヘンだと思うと、モノに戻ります。モノに戻れない言葉を使うと、そこが危うくなるんですね。文科系の言葉の多くが、モノに戻れないんです。

モノが背景にない言葉は、頭の中に根拠があります。幽霊が典型でしょ。いると「思えば」いるんだから、枯れ尾花を見て、夜中の墓場を走って逃げて、足の骨を折る。その場合、幽霊がいるのは、頭の中です。それでもヒトを骨折させる程度の力があるんですね、言葉には。枯れ尾花を枯れ尾花だとみる見方は、世間ではなんとなく嫌われることがあります。実も蓋もない、それを言っちゃあお終いよ。私は政治が嫌いですが、それはしばしば枯れ尾花を幽霊だとするからです。そうしたほうが政治家には有利なんでしょうね。余計なことですが、現代社会の政治問題なんて、ほとんどが政治家同士のコマーシャルに見えませんか。「だから政治が必要でしょ」ということを、いわば敵同士が協力してやっている。だれも住まない島を占領して、俺のものだという。逆側はそれは違う、もともと俺のものだ、って。正面に出てくるのは政治家です。だってだれも住んでないんだから。
ともあれヒトは、なにかを現実だと思うわけです。何十年か前のことですが、私は中村さんの「現実」って何だろうと思ったことがあります。すぐに答えが出ました。それはゲノムです。ゲノムがどういうものか、どう定義されるか、そんなことはいいんです。中村さんを動かしているもの、それが知りたかっただけです。中村さんはDNAという言葉も使いますけれど、それだけではただの化学物質になってしまいます。だからゲノム。

中村さんを見ていて、思い出すことがありました。バーバラ・マクリントックという婆さんです。はじめから婆さんではなかったと思うんですが、なにしろノーベル賞をもらった時に、80歳を超えていました。その時に知った人ですから、私にとっては初めから婆さんでした。うちの母親の知り合いの婆さんたちと同じ。あの人たちにも若い時があったなんて、想像もしませんでしたね。バーバラ・マクリントックについては、優れた伝記があります。その中で、この婆さんは「自分がトウモロコシの染色体の中に立っている」と述べています。その実感がわかりますか。わかるわけがないでしょうね。でも現実って、そういうものなんですね。この人は一生をトウモロコシの遺伝学に費やしました。だからトウモロコシの染色体がこの人にとっての「現実」なんですよ。それでいつの間にか、トウモロコシの染色体の中に立っていることになる。

そんなこと、お金にこだわる人を見ていてもわかるでしょ。いまはFP、ファイナンシャル・プランナーなんて職業があって、どうやって資産を上手に運用するか、そういう相談に乗っています。そういう人にとっては、お金は現実そのものでしょうね。そうでなけりゃ、数字や紙きれを相手に、一生を過ごそうとは思わないでしょ。私なんか、虫を相手に一生を過ごしてますけどね。

だから中村さんを見ていて、バーバラ・マクリントックを思い出すわけです。中村さんは「生命誌」と言います。良い言葉だと思いますけど、あまり広がっていません。すべての生きものは、巨大な時間のスケールを通じて、つながりあっている。そのつながりを中村さんは強調します。ぜひ子どもたちにそれを実感してもらいたい。その気持ちが、この本を読んでいると、強く伝わってきます。生命誌が子どもたちの現実になることを訴えていると感じます。
中村さんについて考えると、もう一人、思い出してしまう生物学者がいます。リン・マーギュリスです。この人も女性で、ミトコンドリア細胞内共生説で著名です。どこで中村さんとつながるかというと、「つながる」ということでつながるわけです。生きものは祖先を共有して、みんなつながってますよ。中村さんはそういいます。リン・マーギュリスは、それどころか、違う生き物が細胞の中に住んじゃっているじゃないか、と言いました。発表当時、これは評判が悪かったんだと思います。論文は17回、レフェリーに拒否されたという話も有名です。

私が女性を強調するのは、敵《かな》わないなあと思うからです。バーバラ・マクリントックのトウモロコシの染色体も、リン・マーギュリスのミトコンドリア共生説も、中村さんの生命誌も、その裏にあるのは、それぞれの女性たちの現実感です。実際に子どもを持とうが持つまいが、やはり女性は自分の中に別なヒトを抱えて生きるようにできている。そう思うしかありません。まさに共生です。

だれでも覚えているんじゃないかと思うんですが、小学生時代は女子のほうが発育がよく、より成熟に近づいています。だから体力もあり、知力もあります。男女平等とか、共同参画とか言いますが、わざわざそんなことを言わなけりゃならないほど、女性の地位が低いんでしょうかね。外国人や女性をわざと低く見るバカはいつでも、どこでもいるでしょ。それは別です。「男女7歳にして席を同じうせず」というのは、事実を示しているんじゃないですか。その年頃以降の男女を一緒にしておくと、女子が優位になって、それが一生抜けなくなる。チェホフは「同じ大きさの子猫とネズミを一緒にして飼うと、その猫は親になってもネズミを見て逃げるようになる」と書いています。私もほとんどそうなってましたよ、いま思えば。女性と言えば、怖いものと思っていました。

中村さんじゃなくて、自分のことで恐縮ですが、私は父親を4歳で亡くし、開業医の母に育てられました。ただし母は「お前には心は掛けたが、手は掛けなかった」というくらいで、具体的な面倒はしばしば11歳上の姉が見てくれました。あとは看護婦さんとお手伝いのおばさんがいましたから、家は女性ばかりでした。だから女性が働くのは当然で、偉いのは女性に決まってました。私は万事フロクです。いまだってブータンに行けば長女相続だし、ラオスでは不動産登記は女性名義に決まってます。平安時代以降、日本がヘンになっただけですよ。

中学生の時に、カニクイザルを飼いました。これも母親が勝手にもらってきて、面倒をみるのは私です。このサルはだから私になついていましたが、それでも庭にいる時に、二階の窓に母の姿が見えると、サルの私に対する態度が変わりました。ボスがいるなと思うと、仲間に対する態度が変わるんですね。クソッと思うんですけど、仕方がない。だれも教えたわけではないんですけど、サルだってだれがボスか、ちゃんと心得ているんです。女性の地位が低いなんて、だれが言うんですかね。うちのサルに訊いてみな、てなもんです。

女性の科学者としてキューリー夫人は有名ですが、あの人だって、放射能に現実感があったに違いない。私はそう思っています。男性の現実感は、それに比べると、どこか弱いんですね。自分の仕事の対象を、やっぱり抽象じゃないか、と思っている節があります。だからどこか、女性科学者に比較して、弱いという感じがするんです。

中村さんには、いくつか、大切なことを教えてもらいました。ご本人は忘れているかもしれませんが、私はよく覚えています。生物には二つの情報系がある、というのがその一つです。いまでは当然の常識かもしれませんが、きちんと意識化することができたのは、中村さんが一言、教えてくれたからです。中村さんはゲノムに関心があり、私は脳に関心がありました。どちらも情報系としては同じでしょ、ということを、そこではっきり意識したわけです。

もう一つ、既知《きち》のことを未知《みち》の言葉で説明するのが科学だ、ということです。これだけでは多分通じないでしょうね。この本がそうですが、中村さんは子どもたちにきちんと科学を教えようとします。私もときどきやらされますが、生来の怠け者ですから、それが面倒くさい。あとは自分で考えろ、とか言って、放り出します。でも中村さんは丁寧に説明をしてくれます。そうすると、若いお母さんたちが「わかりやすく教えてやってください」などと、余計な注文を付けるわけです。だから中村さんは言う。「水なら、子どもはだれだって知っているでしょ、でもHもOも知らないんですよ」って。水は湯気にもなり、雲にもなり、氷にもなります。子どもはどれもよく知っています。でもHやOは全然知らない。

でも科学の世界では、水は$H_2O$です。つまり「よく知っているものを、知らない言葉で説明するのが科学なんですよ」というのが、中村さんの言い分でした。でもお母さんたちは、暗黙の前提として、知っていることを前提にして、知らないことを説明してもらおうと思っている。それが「やさしい」説明だと思っているわけです。だから結局、新しいことを何も学ばない。そういうことになりますよね。

私は20年以上前に、教師を辞めました。いま私が教師をやっていたら、パワハラで告訴されるんじゃないでしょうかね。わけのわかんないことを押し付ける、って。赤ん坊の時に、わけのわからない世界に放り出されたことなんか、皆もう忘れているわけです。わけがわかんないから、面白い。そういう時代が来ないかなあ。生まれ直すしかありませんかね。

中村さんの大きな業績に、昆虫とくにオサムシのゲノムの解析があります。実際にはまだミトコンドリアでしたけどね。大沢省三さんが核酸の解析のプロでしたから、論文というか、立派な書物になっています。とても優れた業績で、日本の生物地理学を基礎づけたと評価できます。これも生命誌研究館に中村さんがおられたから可能になった仕事だと思います。あまりそれを言う人がないみたいだから、あえて言っておきます。

ご存知かもしれませんが、日本列島は四つのプレートがぶつかる位置にあります。だから虫がその影響を受けて変わります。哺乳類と爬虫類の違いのような、大きな違いではないんですけど、属や種の単位では、列島の中の違いが目立つんです。たとえば糸魚川―静岡構造線は、地質学上の区分だと思われていますが、生きものの分布境界にもなっています。私は高校生の頃はオサムシに凝っていました。定年後はゾウムシを調べています。この構造線より西には腐るほどいるゾウムシが、東にはいないという例があります。1500万年前には、中部地方と関東地方は分かれていたんですが、その状態がいまでも残っているわけです。同じように、四国の東西では虫が違います。だから四国は東西に分かれていた時期があったはずだと思うんですが、まだ虫以外の証拠を知りません。この種の話は調べだすと際限がないんですね。研究費が不足とか、なんだとか言いますが、なにより寿命が不足です。

最後に生きもののつながり、つまり共生についてです。虫に関していうなら、私のお気に入りの仮説は、完全変態の昆虫では、成体はもともと共生生物、あえて言えば、寄生虫だったというものです。不完全変態から完全変態が進化したというのが通説ですが、これは無理です。どうやって蛹という時期を自然選択で創り出すか。教えてください。

毛虫は葉っぱを齧る顎を持っています。親のチョウはストロー。どうやって顎からストローを「進化」させるんですかね。毛虫の中には、発生途中から一つの細胞群が分離して、蛹になるまで未分化のままじっとしています。これを寄生虫だったと考える。蛹の段階でこの細胞群がどんどん発育して、親のチョウを作ります。毛虫の細胞はすべて死んで、この細胞群の餌になります。

さてここからは中村さんの出番です。当時のゲノムはどうなっていたのでしょうか。いまなら毛虫を野外で捕まえてきて、飼っておくと、寄生ハエや寄生蜂が出てきます。でもこういう寄生虫が宿主のゲノムと上手に折り合ったら、どうでしょうか。寄生虫が言うわけです。おれは蝶をやるから、お前は毛虫をやれ。古い時代には、ゲノムが確定していないので、こういうことができたんじゃないか。それは私の夢想ですが、じつはほとんど確信しています。

欧米、とくにアメリカの生物学は共生を嫌うみたいです。リン・マーギュリスの扱われ方を見ればわかります。根本的にはダーウィンの描いた系統樹に関係するんでしょうね。これには枝分かれはありますが、枝どうしが融合することはない。中村さんはお釈迦様についても、この本で一言触れています。仏教的世界では、生物が「融合」しても、なんの不思議もないんですけどね。中村さんの言う、生きものはすべてつながっているという結論に、私は文句なしに賛成します。若い人には、あんたは田んぼの成れの果てだろ、と言っています。田んぼに稲が育ち、お米が実り、それを食べて自分の身体ができる。いまではそれを、大人だって忘れてるんじゃないですかねえ。

ようろう・たけし　一九三七年生まれ。東京大学大学院基礎医学専攻博士課程修了。医学博士。東京大学名誉教授。解剖学。主な著作に『からだの見方』（ちくま文庫、サントリー学芸賞受賞）『日本人の身体観』（日経ＢＰ社）『唯脳論』（ちくま学芸文庫）『バカの壁』（新潮新書）『骸骨考』（新潮社）他。

## 著者紹介

**中村桂子**（なかむら・けいこ）

1936年東京生まれ。JT生命誌研究館館長。理学博士。東京大学大学院生物化学科修了、江上不二夫（生化学）、渡辺格（分子生物学）らに学ぶ。国立予防衛生研究所をへて、1971年三菱化成生命科学研究所に入り（のち人間・自然研究部長）、日本における「生命科学」創出に関わる。しだいに、生物を分子の機械と捉え、その構造と機能の解明に終始することになった生命科学に疑問を持ち、ゲノムを基本に生きものの歴史と関係を読み解く新しい知「生命誌」を創出。その構想を1993年、JT生命誌研究館として実現、副館長に就任（～2002年3月）。早稲田大学人間科学部教授、大阪大学連携大学院教授などを歴任。

著書に『生命誌の扉をひらく』（哲学書房）『「生きている」を考える』（NTT出版）『ゲノムが語る生命』（集英社）『「生きもの」感覚で生きる』『生命誌とは何か』（講談社）『生命科学者ノート』『科学技術時代の子どもたち』（岩波書店）『自己創出する生命』（ちくま学芸文庫）『絵巻とマンダラで解く生命誌』『小さき生きものたちの国で』『生命の灯となる49冊の本』（青土社）『いのち愛づる生命誌』（藤原書店）他多数。

**あそぶ　12歳《さい》の生命誌《せいめいし》**

中村桂子《なかむらけいこ》コレクション　いのち愛《め》づる生命誌《せいめいし》 5（全8巻）〈第1回配本〉

2019年2月10日　初版第1刷発行©

著　者　中　村　桂　子

発行者　藤　原　良　雄

発行所　株式会社　藤　原　書　店

〒162-0041　東京都新宿区早稲田鶴巻町523

電　話　03（5272）0301

FAX　03（5272）0450

振　替　00160 - 4 - 17013

info@fujiwara-shoten.co.jp

印刷・製本　中央精版印刷

落丁本・乱丁本はお取替えいたします

定価はカバーに表示してあります

Printed in Japan

ISBN978-4-86578-197-7

# 中村桂子コレクション いのち愛づる生命誌

全8巻

＊各巻に著者まえがき、口絵、解説、月報　＊季刊
＊内容見本呈

Ⅰ　ひらく　生命科学から生命誌へ　解説＝鷲谷いづみ

Ⅱ　つなぐ　生命誌とは何か　解説＝村上陽一郎

Ⅲ　ことなる　生命誌からみた人間社会　解説＝鷲田清一

Ⅳ　はぐくむ　生命誌と子どもたち　解説＝髙村 薫

Ⅴ　あそぶ　12歳の生命誌　［第1回配本］解説＝養老孟司

Ⅵ　いきる　17歳の生命誌　解説＝伊東豊雄

Ⅶ　ゆるす　宮沢賢治で生命誌を読む　解説＝田中優子

Ⅷ　かなでる　生命誌研究館とは　解説＝永田和宏
［附］年譜、著作一覧

**〝生命知〟の探究者の全貌**

# いのち愛づる生命誌《バイオヒストリー》

**（38億年から学ぶ新しい知の探究）**

**中村桂子**

DNA研究が進展した七〇年代、人間を含む生命を総合的に問う「生命科学」出発に関わった中村桂子は、DNAの総体「ゲノム」から、歴史の中で生きものを捉える「生命誌」を創出。「科学」を美しく表現する思想を「生命誌研究館」として実現。　**カラー口絵八頁**

四六並製　三〇四頁　**二六〇〇円**
（二〇一七年九月刊）
◇978-4-86578-141-0

---

**38億年の生命の歴史がミュージカルに**

# いのち愛《め》づる姫

**（ものみな一つの細胞から）**

**中村桂子・山崎陽子作**
**堀文子画**

全ての生き物をゲノムから読み解く「生命誌」を提唱した生物学者、中村桂子。ピアノ一台で夢の舞台を演出する〝朗読ミュージカル〟を創りあげた童話作家、山崎陽子。いのちの気配を写し続けてきた画家、堀文子。各分野で第一線の三人が描きだす、いのちのハーモニー。　**カラー六四頁**

B5変上製　八〇頁　**一八〇〇円**
（二〇〇七年四月刊）
◇978-4-89434-565-2

---

**最新かつ最高の南方熊楠論**

# 南方熊楠・萃点の思想

**（未来のパラダイム転換に向けて）**

**鶴見和子**
**編集協力＝松居竜五**

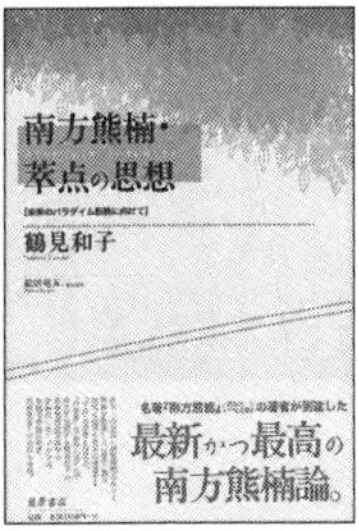


「内発性」と「脱中心性」との両立を追究する著者が、「南方曼陀羅」と自らの「内発的発展論」とを格闘させるために、熊楠思想の深奥から汲み出したエッセンスを凝縮。気鋭の研究者・松居竜五との対談を収録。

A5上製　一九二頁　**二八〇〇円**
（二〇〇一年五月刊）
◇978-4-89434-231-6

---

**「生物物理」第一人者のエッセンス！**

# 「生きものらしさ」をもとめて

**大沢文夫**

「段階はあっても、断絶はない」。単細胞生物ゾウリムシにも〝自発性〟はある。では〝心〟はどうか？　ゾウリムシを観察すると、外からの刺激によらず方向転換したり、〝仲間〟が多いか少ないかで行動は変わる。機械とは違う、「生きている」という「状態」とは何か？　「生きものらしさ」の出発点〝自発性〟への問いから、「生きもの」の本質にやわらかく迫る。

四六変上製　一九二頁　**一八〇〇円**
（二〇一七年四月刊）
◇978-4-86578-117-5

1989年11月創立　1990年4月創刊

一九九五年二月二七日第三種郵便物認可　二〇一八年一一月一五日発行（毎月一回一五日発行）

月刊
機
2018
11
No. 320

発行所　株式会社 藤原書店©
〒一六二−〇〇四一　東京都新宿区早稲田鶴巻町五二三
電話　〇三・五二七二・〇三〇一（代）
FAX　〇三・五二七二・〇四五〇
◎本冊子表示の価格は消費税抜きの価格です。

編集兼発行人
藤原良雄
頒価 100円

『においの歴史』『浜辺の誕生』『音の風景』など問題作を刊行してきた著者の最新作！

# 静寂と沈黙の歴史——ルネサンスから現代まで

小倉孝誠

▲アラン・コルバン（1936–　）

『においの歴史』で悪臭と芳香の誕生を論じ、『音の風景』では、十九世紀フランスの田園地帯における生活と集団的な情動、共同体的なアイデンティティの形成に関与した教会の鐘の音を分析するなど、「感性の歴史学」を打ち立て、形のない対象の歴史を論じてきたアラン・コルバン。『静寂と沈黙の歴史』は、音の不在である「静寂」や、言葉の不在である「沈黙」についての歴史的な流れを辿った。『音の風景』の姉妹篇であり、西洋諸国で大きな評判を呼んだベストセラー、遂に完訳。　**編集部**

●一一月号目次●

## 音の風景から静寂と沈黙の歴史へ

本書は、Alain Corbin, *Histoire du silence. De la Renaissance à nos jours*, Albin Michel, 2016. の全訳である。フランス語の silence には大きく二つの意味がある。言葉を発しない、あるいは言葉を発することを禁じられているという意味での「沈黙」、そして音やざわめきがないという意味での「静寂」。実際コルバンは本書において、この二つの意味での silence を歴史的視点から論じている。

「日本の読者へ」で、本書の構想が二十年以上前に遡るとコルバンは書いている。実際彼は一九九五年に、「静寂と沈黙の歴史への招待 Invitation à une histoire du silence」と題された十ページ足らずの短い論文を発表したことがある。彼はその論文を、『文明化の過程』の著者ノルベルト・エリアスの名を喚起することから始めている。エリアスが論じた礼儀作法の普及、自己抑制の進行、さまざまな社会規範の内面化など、西洋社会において人々の習俗が洗練されていった過程を考慮するならば、静寂と沈黙の歴史が近代文化史を構成する重要な一面であることは確かだろう。続いてコルバンは、沈黙の習得と実践が上流階級と民衆を隔てる差異化の記号になること、学校、寄宿舎、修道院、そして監獄では、フーコー流に言えば沈黙が身体と精神を教化するための技法になっていたこと、田園地帯では沈黙が社会生活の絆を保つ機能を果たしていたことなどに触れている。

もっとも多くのページが割かれているのは、十九世紀の作家シャトーブリアンの『ランセの生涯』(一八四四)の分析である。シャトーブリアンはそのなかで、十七世紀の修道院と、彼自身が生きた十九世紀前半の修道院を比較しながら、音と静寂の歴史的風景を描いてみせたとコルバンは評価する。こうした一連の事例を素描しながら、彼はより体系的な静寂と沈黙の歴史が書かれなければならない、と提言していた。本書『静寂と沈黙の歴史』はそれから二十年を経て、まさにそのプログラムを具体化した著作ということになる。「静寂と沈黙の歴史への招待」で示唆されていた話題や、その名が引かれていた作家・芸術家の多くが本書であらためて取りあげられ、発展した議論の対象になっているのである。

実際、感性の歴史学を代表するコルバン以上に、静寂と沈黙の歴史を書くのにふさわしい人はいないだろう。『においの歴史』(一九八二)で、においや嗅覚という捉えがたい対象を論じ、『音の風

▲F・クノップフ《沈黙》1890
ブリュッセル、王立美術館

景』（一九九四）で、十九世紀フランスの田園地帯に鳴り響いていた教会の鐘の音が、人々の生活と、集団的な情動と、共同体的なアイデンティティの形成にどのように関与するかを分析することで、音の風景をあざやかに現出させた。そして「静寂と沈黙の歴史への招待」がそれとほぼ同時期に執筆されたのは、もちろん偶然ではない。音と聴覚的感性の歴史を跡づけたのであれば、音やざわめきの不在である静寂や、言葉の不在である沈黙について歴史的な流れを辿ろうとするのは、いかにも論理的な流れだからである。本書はその意味で、『音の風景』と対をなし、その姉妹篇と言えるだろう。

## どのような文献に依拠したか

最初の構想からその実現まで二十年の歳月を要した『静寂と沈黙の歴史』だが、その空白の長さは、コルバンの無頓着や多忙によって説明されるものではないだろう。

歴史学とは痕跡に依拠する学問であり、史料にもとづく知的営為であることは言うまでもない。どのようなかたちであれ痕跡も史料も残されていなければ、歴史研究は成立しえない。音や、騒音や、音楽の歴史、つまり聴覚をめぐる感性の歴史なら史料が数多く残されている。『音の風景』を執筆するためにコルバンが参照したのは、鐘が村落共同体にもたらしたさまざまな事件や訴訟をめぐる記録、行政や司法の文書、そして教会当局が保存してきた史料だった。また現代フランスの歴史家ギュトンは豊富な史料に基づいて、中世から現代にかけて社会空間と家庭において、どのような音の風景が形成されていたかを概観してみせた（Jean-Pierre Gutton, *Bruits et sons dans notre histoire*, PUF, 2000.）

他方、静寂や沈黙は、少なくとも十九世紀までそれ自体が行政の問題や司法の争点になることはなかった。音の不在である静寂や、言葉が発せられないという意味での沈黙は、その性質上、痕跡として残らないし、行政、司法、教会が所有する文書に記録されることも少ない。とりわけ沈黙は、政治的、宗教的権力によって言葉を剝奪されるところに生じることが多いから、空白として残るのみである。こうした理由から静寂と沈黙は、歴史家にとって把握するのが困難な対象だったのである。

ではコルバンは、静寂と沈黙の歴史を語るためにどのような史料に依拠したのか。哲学書や、文学作品や、宮廷人が著わした作法書や、聖職者の手になる戒律や霊的指導書である。こうしてマックス・ピカートの『沈黙の世界』（一九四八）とバシュラールがしばしば言及され、近代の小説と詩が数多く引用され、十六世紀イタリアの外交官カスティリオーネの『宮廷人の書』と、ロヨラやボシュエが書いた宗教書が繰りかえし引用されることになった。とりわけ十九世紀フランス（語圏）の作家たちがしばしば登場するのが興味深い。たとえばシャトーブリアン、セナンクール、ユゴー、ラマルチーヌといったロマン主義作家、世紀末のユイスマンスや、ベルギーのローデンバックとメーテルリンクが静寂と沈黙を謳った文学者として評価される。二十世紀の作家としては、ベルナノスや『シルトの岸辺』のジュリアン・グラックが頻繁に言及されている。フランス人以外ではアメリカのソローやホイットマン、オーストリアのブロッホなどから興味深い引用がなされている。本書は静寂と沈黙をめぐる文学史としても読めるだろう。

網羅的ではないが、時代としてはルネサンス期から現代までをカバーし、取り上げられる文献のジャンル、著者の国籍も多岐にわたる。コルバンは近代ヨーロッパにおける静寂と沈黙の布置を全体的に描いてみせたのである。

## 現代の静寂と沈黙

かつても現在も、音と静寂にたいする接し方は社会、文化、そして個人によってけっして一様ではない。かつてレヴィ＝ストロースはアマゾン先住民の習俗を分析しつつ、神話が伝達されるためにさまざまなコードが用いられること、そして音響コードがそのひとつであることを指摘した（『構造人類学』）。音響コードは静寂と音、連続的な音と断続的な音のコントラストなどによって、社会的、宇宙論的なメッセージを伝えるのだという。静寂は多くの場合、心身をやわらげ、穏やかな快感をもたらしてくれるだろう。教会や、公園や、墓地や、森林などはいまだにいわば静けさの保存区域であり、人はそこに休息と安らぎを求め、周囲の世界から一時的に避難することができる。そこでわれわれは、時間が停止したような印象を抱き、内省へといざなわれる。静寂をとおして、われわれは世界や風景に新たなまなざしを注ぐことができるのである。

しかし逆に、静寂や沈黙のなかでは、みずからの位置を定めることのできない人たちがいる。音響という背景があってはじめて自分の存在を確かめられる人たちにとって、静寂と沈黙こそは、存在を不安定にしかねない侵入者にほかならない。彼らにとっては、音のみなぎる空間こそが意味の宿る感覚的環境なのであり、音こそが世界の空虚や残酷さからみずからを守ってくれるものなのだ。そうなれば、静寂や沈黙は意味の可能性を剝奪された、不安と苦悩をはらんだ環境にすぎなくなるだろう。

現代フランスの社会学者ダヴィッド・ル・ブルトンの見事な書物『沈黙について』（David Le Breton, *Du silence*, Métailié, 1997.）によれば、現代という時代は絶えず音声を発することによって、空間と時間を飽和させようとしている。いまだ開発されておらず、自由な使用が許されている静寂は、それがはらむ《無益さ》を解消するために、充足と開拓の作業にさらされる。というのも、現代社会を支配する生産と流通の論理にしたがえば、静寂そのものは何の役にもたっていないからだ。それは都市のなかの空き地のようなものであり、できるかぎり生産的な用途に供してやらなければならない。静寂は欠落であり、テクノロジーがまだ利用していない、あるいはテクノロジーによる監視のまなざしを偶然逃れてきた残余なのだ。

そうなれば、静寂を利益の源に変えようとする試みが出てきても驚くには当たらないだろう。事実、今日では静けさ、静寂がことのほか価値あるものとされている。商品の宣伝・広告において、静けさが強調されるのはそのためである。家は静かな場所にあったほうがいいに決まっているし、マンションの壁や床は厚くて防音効果の大きいものが好まれる、というように。耳障りな音を防ぎ、快い聴覚環境を守ろうとするのは、いまや集団的な感性の一部をなしている。騒音を完全に遮断することのできない現代都市は、新たな静寂と沈黙のかたちを模索しているということだろう。（構成・編集部）

（おぐら・こうせい／フランス文学）

大好評の『モードの誘惑』に続く、単行本未収録論集、第二弾！

# 歴史家の家を訪ねて
## ——『都市のエクスタシー』より——

山田登世子

### 『においの歴史』の歴史家の家

観光客でいつも騒がしいポンピドーセンター近辺はパリでも滅多に近寄らないところだが、そこから遠くないあたりにその家はあった。

どこの通りをどう曲がったのか、もうまったく覚えがないけれど、さきほどまでの喧騒が嘘のように遠く、時が止まったかのような静寂が支配していた。どこか中世の雰囲気のただよう古いアパルトマンの何階だったか、おぼろげな記憶のなかに、時を経た樹木の緑があったような気がする。

その古いアパルトマンは今や感性の歴史家として名高いアラン・コルバンの家だった。彼の名がまだ日本に知られる以前、初の邦訳になる『においの歴史』の訳者のひとりとしてその家を訪ねたのである。

奥付を確かめるともう二〇年も前のことだ。ちょうどその頃パリに滞在していたので、不明個所を原著者にたずねに行ったのである。初めはソルボンヌ大学の研究室だった。その時のことは鮮明に記憶にある。電話でアポイントメントをとった時のうけ答えが実に無駄なく明快だったからだ。ソルボンヌの門をくぐってから研究室までの複雑な順路を、丁寧に、迷いそうなところは「ここが大事なポイントですよ」と言いながら教えてくれた。

おかげで約束の時間に研究室に着き、小一時間ほど質問しただろうか。驚いたことに、戸口には次の質問者が控えて待っていた。そのとき初めて『においの歴史』が世界的ベストセラーになっていることを実感した。なにしろその時点ですでに三三カ国語に訳されていたのである。おそらく私は三四番目の質問者だったのかもしれない。

その後わざわざ自宅に招いてくれたのはいったいなぜだったのか。もう思いだせないのだが、たしか挨拶のしるしに藍染めを持参したのでその返礼だったのではないかと思う。中庭の静謐と時の重みのある書斎の雰囲気だけが、映画の一シーンのように記憶に残っている。まぎれもなくそれは歴史家の家だった。

## コルバンが掬い取った「パリ」

ひさしく忘れていたその光景を思い出したのは、コルバンの最初の本である『娼婦』の新版のために解説を依頼されたからである。ちょうど今ごろ書店にならんでいる頃かと思う。ずしりと重い訳書を

▲山田登世子（1946-2016）

十数年ぶりに再読した。膨大な資料を駆使しながら読ませる文章を書くこの歴史家の底力にあらためて感服したが、それにしても考えさせられたのは「娼婦」という主題である。

娼婦にかんする膨大な資料があるということは、とりもなおさず膨大な「事実」があるということ、つまり十九世紀パリにはあまたの娼婦がいたということだ。イギリスでもドイツでもなく、まさにフランスこそ娼婦の栄えをみた国なのである。娼婦の歴史はフランスの歴史家によってこそ書かれるべき書物だったのだ。

ことは歴史に限られない。文学をとっても美術をとっても、娼婦は近代パリに欠かせない登場人物である。印象派ももちろん例外でない。先に上梓した印象派論の副題に「娼婦の美術史」と付したのも、美しい水の風景という印象派のイメージを覆す「事実」を語るためだった。

コルバンの『娼婦』のような大著あってこそ、そういう冒険も可能なのだ――そう思うと、遠い記憶のなかにたたみこまれたあの歴史家の家が今さらのように懐かしい。

（本書より／初出二〇一〇年十一月）

（やまだ・とよこ／フランス文学）

虚実を超えた情報の「新しさ」が席巻する先端都市パリの実相を描いた名著

# 登世子さんの挑戦したもの

## ――『メディア都市パリ』への「きまじめな解説」より――

工藤庸子

山田登世子氏が生前編集部に〈新版〉として託されたものに、友人でありよきライバルでもあった工藤庸子さんによる愛情と誠意溢れる解説を得た決定版！　編集部

### 戯れのエクリチュール

小説ではないけれど、本書には金髪のミューズ、麗しきヒロインがいる。そのひとはナポレオンが戴冠し近代市民社会が幕を開けた一八〇四年の生まれ。おりしもスタール夫人が前年に刊行した『デルフィーヌ』が女性の自由を謳いあげ、強権的な皇帝に睨まれながら、大当たりをとっていたころであり、そのヒロインの名を授けられた。新デルフィーヌは、スタール夫人を見倣うかのようにサロンの花形となり、新聞王ジラルダンの妻としてセレブの足場を固め、やがて書くひとになる。

スタール夫人は信奉する思想のために絶えず政治的な迫害に曝された。ジョルジュ・サンドは男性作家のふりをして社会性をもつ本格小説を書いた。「ブルーストッキング」たちはジャーナリズムという新領域で女性の権利を声高に要求した。それぞれに主義主張をもつ個性的な女たち。

これに対してデルフィーヌ・ド・ジラルダンは、何かを書きたいという欲求とも、ペンをにぎる女にありがちな闘争心とも無縁だった。彼女は〈退屈〉を紛らせるためと称し、シャルル・ド・ローネー子爵を名乗って、新聞の連載コラム『パリ便り』を書いた。

この〈戯れのエクリチュール〉こそ決定的に新しい――密かにそう確信して、山田登世子は十九世紀のデルフィーヌを造形したにちがいない。

### 〈新しさ〉とは何か

一般的な了解によるなら〈古さ〉は伝統と権威を保証し、〈新しさ〉は改革と刷新を暗示するだろう。いわゆる「新旧論争」はルネサンス以来、ヨーロッパの「文明」という概念の支柱ともなってきた。しかしながらデルフィーヌの体現す

る〈新しさ〉は〈古さ〉への抵抗として成立するのではないらしい。

　トピックス、アクチュアリテ、ニュース、情報、流行、エフェメラ、ファディッシュ、モード、ファッション。本書のキーワードを列挙してみれば明らかなように、目を凝らして捉えるべき共通の価値は〈新しさ〉そのものであり、いわば自己目的化したコンセプトのようにも思われる。記述される事物や現象は儚《はかな》くうつろうエフェメラの断片であることが大前提だった。

▲デルフィーヌ・ド・ジラルダン（1804-55）

## 「真」と「偽」のゆくえ

　でも、報道の客観性は？　情報の信憑性は？　そんなものを「流行通信」に求めるなどは野暮の骨頂。いちいち事の真偽を追求していたら、次の締め切りに間に合わない――といった具合に『パリ便り』の書き手に寄り添うディスクールは、ますます軽やかに冴えわたる。エンターテインメントとしての時評は〈事実〉や〈真実〉と切り結ぶことのない言葉を好むものらしく、そこでは「真偽のほどは問題ではない」と自信ありげに著者は言う。著者がヒロインを見倣って華やかに軽薄さをまとったかのようなテクストである。

　しかしそこに「真偽のほど」つまり〈嘘〉と〈本当〉という設問が導入されたとき、一気に批評的な展望は広がることだろう。

（構成・編集部。全文は本書所収）

（くどう・ようこ／フランス文学）

**芸能とは何か？　伝統とは何か？　能狂言最高峰の二人の対話**

# 芸の心――能狂言　終わりなき道

観世流シテ方　**野村四郎**
大倉流狂言方　**山本東次郎**

日本を代表する古典芸能であり、世界最古の演劇と言われる能狂言。現代に於ける第一人者のお二人が、修行時代、芸の現在、そして未来に向けての思いを縦横に語りあった『芸の心』を今月刊行する。　編集部

## 能狂言の世界の課題

**山本**　父（三世山本東次郎）が常々言っていたのは、それぞれの家が良い畑を持っている。そこに良い種が落ちるとしっかりと実りを生むものが育つのです。それが今は土壌が痩せてきているから、良い種が落ちても育たない。たとえば「脇能の位」というような、信仰心を持って演じる心身の姿勢をじっくり醸成するような稽古の土壌が痩せてしまっている。親世代が若い人たちに、ともかくやってくれればいいみたいになってくると、ますます困ったことになりますね。

いったん切れてしまったものを、また作り直すということはできないです。本来の土の力を取り戻すのは、ほとんど不可能に近いでしょう。舞台が〝結界〟であるなんていう言い方も、これも死語に近いでしょうけれど、私らの子どもの頃、名人上手と言われる人たちでも、舞台に出るとき、震えていましたものね。ところが今の若い人たちは畏れを知らないから、舞台は自分の自由になる空間だって思ってる人がたくさんいるでしょう。自己主張だけですよね。厳しく教えられて、ああでもないこうでもないと培って、探り当てたものを伝承しているはずなんですけどね。

**野村**　本当にこの数十年の能界を見ているだけで、お囃子方にしても、シテ方にしても昔のいわゆる名人と上手といわれるような芸が無くなっています。

お囃子にしても、若いうちは流儀の決まり、教えを厳しく守るので、主張だけが際立つことになるのかもしれませんが、掛け声にしても、楽器の音にしても騒がしいだけでは駄目で、練れたものにならなければと思います。

囃子というものは謡を囃しシテの演技を支える大事なものです。その意味でも、

私は交響するものでなければと思っています。自己主張ではなく、シテの謡や演技、地謡などと互いに響き合い、能の世界を創っていくものだと思います。それがともすれば一方通行になってしまう。これだと能の世界は豊かになりません。

　だからそういうことに若い人たちが気がついてくれるようなことを話し、伝えたいと思いますね。自分の課題に気づいてほしいと思います。

## 永遠の未完成

▲野村四郎（右／1936–）
山本東次郎（左／1937–）

**山本**　能・狂言の芸というのは、やはり死ぬまで何か追い求めていくようなものじゃないといけないと思うんです。
**野村**　永遠に未完成なんだとかね。そういう自分の信念をもって完成を求めて勉強するとかね。古典というとただ古くて完成されたというイメージになる。私は伝統という言葉が大好きです。
**山本**　『源氏物語』とか『万葉集』とか、そういうものは古典としてもう動かないんですから。我々の方はそうですよね。伝統ですよね。
**野村**　伝統というのは要するに過去、現在、未来です。この全部が集まって、過去も現在も未来も集まって伝統になる。これが伝統の定義だ。これは東次郎さんも賛成してくれると思いますよ。これは、絶対自信持って言いたい。
**山本**　書物と違って、生きてるんですよね。
**野村**　そう、生きてるということなんですよ。東次郎さんも私もそれぞれに伝統という荷物を背負って生きている。とりわけ東次郎さんは代々の狂言の大きなものを背負って、未来へ向かっています。前のものを背負いながら現代を生きて、次の世代にも受け渡していこうと。伝統というものは今を生きるということですからね。
（本書より。構成・編集部）

＊**のむら・しろう**　一九三六年生。和泉流狂言方六世野村万蔵四男。15歳で観世元正に師事、能の道に進む。重要無形文化財各個認定（人間国宝）。
＊**やまもと・とうじろう**　一九三七年生。大蔵流狂言方三世山本東次郎長男。父に師事。重要無形文化財各個認定（人間国宝）。日本芸術院会員。

**芸の心**
能狂言　終わりなき道
野村四郎
山本東次郎
笠井賢一 編
カラー口絵八頁
四六上製　二四〇頁　二八〇〇円

連載　金時鐘氏との出会い　7

# 金時鐘兄　いつも背骨をのばして

鄭　仁

## 包みこむような握手

金時鐘の『原野の詩』に付された野口豊子の年譜によれば、わたしが初めて金時鐘と会ったのは一九五三年一二月とある。わたしは二二歳で金時鐘は二五歳だった。三歳年上の兄に会ったみたいなものだった。その折の情景は、今も記憶に鮮やかだ。民族学校の教室で、バケツに廃材をくべ、焚き火をしていた。焚き火のほのあかりのなか、暖をとりながら若い人らが集まっていた。そこで初対面の握手を交わしたのだが、金時鐘の包み込むような握手には人を引き寄せてやまない不思議な熱量がある。そうして金時鐘が主導する『ヂンダレ』に参加することになったのだった（『ヂンダレ』七号、一九五四年四月）。以来今日に至るまで付かず離れず、友情を紡いできた。

金時鐘は一九五五年一二月、処女詩集『地平線』を上梓した。病床で編んだものだったが、「自序」は次のように始まる。

> 自分だけの　朝を／おまえは　欲してはならない。　（以下略）

初志を生きた、意志の集大成『金時鐘コレクション』全一二巻が藤原書店から刊行の運びとなり、この一月から配本が始まっている。配本を手にし、とても他人事とは思えず、こころの昂ぶりに身を任せたものだった。

金時鐘との出会いは、出会うべくしてであったといえなくもないが、わたしにとっては僥倖以上のものである。何せわたしの人脈の大方は金時鐘を通じてのものであり、ここに事細かに記すことはできないが、有形無形の恩恵を受けてきた。それはひとえに一九五〇年代末頃から一九六〇年代にかけて金時鐘がもっとも辛かった時期（優秀な組織活動家だった彼がその組織から痛烈な批判を受けていた）、梁石日と共に濃密な時間を共有した『ヂンダレ』残党への優しさの差出しである。旧聞に属するが日本の友人がわたしの何気ない言葉に気分を害し席を立ったことがあった。そのことを伝え聞いた金時鐘は日本の友人に話をつけ、わたしは日本の友人から謝罪を受けたのだった。金時鐘は友情に厚い。それだけでなく、そもそも人間関係に厚い。

## 「在日から分断を克服する」

今年は長く冷戦に閉ざされていた朝鮮半島にも平和定着が見え始めた歴史的な年である。四月二十七日、文在寅韓国大統領と金正恩朝鮮民主主義人民共和国国務委員長との南北首脳会談があり、朝鮮半島の平和と繁栄、統一のための「板門店宣言」を発した。戦争終結にも言及。両首脳が休戦境界線を跨ぎあう映像にはぐっとくるものがあった。そして、「在日を生きる」。南北朝鮮を同視野におさめることのできる在日は、偶然なものとしないで、意識的に生きる。よく聞かされた金時鐘の言葉を思い起こしていた。

六月十二日にはシンガポールにて金正恩委員長とトランプ大統領との初めての朝・米首脳会談があり、朝鮮半島の非核化と金正恩体制保障、そして「板門店宣言」の追認など包括的合意の共同声明に署名し発表された。戦争は遠のいた。慶賀すべきことだ。

金時鐘は終始一貫、核問題解決には当事者の話し合いしかあり得ず、六十年以上に亘る休戦協定を平和協定に変えるべき、と主張してきた。金時鐘は常に時代と対峙し、深く社会に参与してきた。金時鐘は傍観を嫌う。ゆえにというべきか、金時鐘の言葉は社会的であり、身体的である。

今年はまた金時鐘の在日を余儀なくさせた四・三事件七十周年だ。済州四・三平和公園にて、「第七〇周年四・三犠牲者追悼式」式典が文在寅大統領参席のもと、一万五〇〇〇人ほどの人々が参加して執り行われた。金時鐘も詩朗読を予定されていたが、病を得て出席できなかった。

二〇一八年初頭に刊行が始まった「金時鐘コレクション」一二巻は奇しくも、朝鮮半島平和定着への歴史時間に立ち会うこととなった。それは常に背骨《はいこつ》をのばし、詩と行為を等価なものとする全身詩人金時鐘の分断克服への強い思いの表れではあるまいか。

（第七巻月報より）

（チョン・イン／詩人）

短期集中連載　石牟礼道子さんを偲ぶ　9

# 石牟礼道子さんに共感したこと

詩人・古布絵作家　宇梶静江

## 石牟礼道子さんの映画と著書から

手渡された一枚のパンフレットを携えて、二〇一七年十月十八日に行われた石牟礼道子さんの映画と朗読が行われる会場へ赴きました。石牟礼道子さんのお名前だけは知っていました。映像を通して彼女と出逢い、あらためて彼女が歩んでこられた大変な道のりを知りました。

その後、石牟礼道子さんの著書を通して、水俣病の実態を知ることになりました。チッソと国家は、状況を把握していながら国民に知らせず、猛毒の有機水銀を垂れ流し続けていた。有機水銀が海を汚染し、魚類や海草を汚染し、その魚を食べた人々、猫や鳥などが狂い死に、あるいは世にも恐ろしい病気をもたらす。他人事ではないと石牟礼道子さんは察知されたと思います。

世の中の、犠牲をともなうような発展は進歩とはいえないのではないか。石牟礼道子さんは、そう言っているのだと理解しつつ、彼女の言葉をたどっています。

総《すべ》ての生命を育む母なる海へ、平気で猛毒を流す会社の罪深さは許されるものではありません。石牟礼さんは自らチッソに対峙し、水俣病の患者たちの苦しみ悲しみと彼女自身が一体となって慰め癒し、寄り添い続けながらも、昔からの共同体が崩れていくさまを感じ取り、人々の人情が薄れていくのを嘆くのでした。詩を詠み、小説を書き、能を創作する、ロマンを秘めた文化人である彼女が、無慈悲に罪のない人を苦しめてさらに懺悔もしないというチッソや国の理不尽を許さず、仲間とともにデモに参加し訴えるそのエネルギーに対して私は感心するのです。

## 森羅万象に感謝

私自身は北海道出身で、アイヌ民族の末裔です。私たちアイヌは、かつて明治政府が下した悪法によって土地を奪われ、迫害され、差別、格差によって今も苦しみ続けています。

私たちアイヌは、すべてを育む水の神を崇め、あらゆる感謝の始めに、「ワッカウシカムイ(水の神様)」と呼びかけます。「水を司る神様よ有難う／大地を温めてくださりあらゆる植物を生み育てて下さる太陽神よ／アベフチカムイ(火の神様)よ／あらゆる物に酸素を下さるレラカムイ(風の神様)よ／モシリコルカムイ(大地の神様)よ」とすべての森羅万象に宿る神に対して感謝し祈ります。この祈るという行為はいつもアイヌの心に備わっています。

　私たちアイヌは、国籍は日本人ですが、独自の文化を持っていることは間違いありません。アイヌに対し和人といわれる日本人の概念や文化と全てが違っているわけではないにしても、命を育む水を汚したり、自然を傷めたりする行為は、神を冒瀆する、と強く戒める習わしをアイヌは持っています。多くの和人・日本人も人間として大切なモラルはお持ちのはずですが、進歩・発展・発明・前進という、言葉の上では非常にすばらしいうたい文句の傍ら、人々に被害を与えることの多さは何というべきでありましょう。

▲宇梶静江氏
（2018年8月20日）

　石牟礼道子さんも自然を愛し、自然のすばらしさをたたえられています。私たちアイヌもまた、自然が全て神様で父母であると感謝しています。ながい冬が終わり、まだ雪がまばらに残っているなかに、いち早く蕗《ふき》の薹《とう》や行者ネギ花、福寿草が顔を出すこと、冬から初春に吹く風がなが患いしている者の死の予感をもたらすこと、文化は違えども石牟礼道子さまがおっしゃる人情の機微なども、アイヌ民族とも共通し共感することが多いと感じます。

　石牟礼さんは水俣病という恐ろしい病をもたらした有機水銀だけでなく、毒物の蔓延を危惧され、この先々人々の健康を害するであろう食品添加物の数々を憂い予告されています。彼女自身が、難病に苦しんでおられたことも、あの映像を通して知りました。石牟礼さんが著書の中でおっしゃっているように、人類が体験したことのない毒、あらゆる毒物について調べてほしい。そして自然の海や山や野に咲く花々によって人はいかに癒されているかをあらためて考えてほしい。

　石牟礼さんは、今年の二月一〇日、今なお苦しまれている水俣病患者さん方に対する深い思い、愛を持ちながら旅立たれたとうかがいました。ご冥福をお祈りいたします。有難うございます。

（うかじ・しずえ）

短期集中連載　金子兜太さんを偲ぶ　8

# 無頼という事

細谷亮太（喨々）

## 高校三年生での出会い

昭和四十年一〇月のある日、県立山形東高校三年生の私は近くの本屋で一冊のカッパ・ブックスを買った。『今日の俳句――古池の「わび」よりダムの「感動」へ』。それが金子兜太という名の俳人との最初の出会いだった。

　裏表紙に著者の写真がある。四十六歳の兜太さんがワイシャツにネクタイ姿でお日様の方に顔をあげ眩しそうに柔和な表情で写っている。

　俳人、「寒雷」主宰の肩書きで加藤楸邨が「著者・金子兜太のこと」という一文を寄せている。当時、楸邨の

**雉子の眼のかうかうとして売られけり**

は私の好きな俳句のひとつだった。

　「現代の俳句は台風の季節を迎えている。古い流れと新しい流れの反発と交流。その新しい流れを呼びさました起爆力が金子兜太である。

　俳句は伝統を負う芸であることはいうまでもない。伝統が正しい歴史的意志を見失うと因襲に堕《だ》する。兜太はこの歴史的な意志を、現代の不安と渾沌の真っ只中で探り出そうともがいているのである。単なる伝統否定者でないゆえんは、じつにここにある。――中略――

　あわせてこの本で、兜太という人間のおもしろさを知ってほしい。近代的知性と秩父人的野性の見事な融合。細心なるがゆえの放胆。真剣なるがゆえの傲岸。孤独なるがゆえの親和力。」

と楸邨は書いている。名文である。

　この本は「まえがき」のあとに第一章の「新しい美の開花――今日の俳句を鑑賞する」が始まる。一句目に鈴木六林男《むりお》

**暗闇の眼玉濡《ぬら》さず泳ぐなり**

そして二句目に兜太さんの

**果樹園がシャツ一枚の俺の孤島**

が取りあげられている。「濡さず泳ぐなり」の潔癖さと「俺の孤島」のしーんとしみるような孤独感こそが生きるための

バネとなるという論理の展開は受験生にとってきわめて刺激的だった。

「獣は餌食《えじき》をとるために全力をかけ、餌食となるものは身を守ることに全力をかけている。これは本能的なものだが、人間の場合は、もっと複雑である。人びとの関係のなかで、自分を生かしてゆくための本能以上の努力がなければ、生きてゆくことにはならない。その努力をささえるもの、それを私は〈意思〉と呼んでいる。」にも痺れた。

しかし、そろそろ医学部の受験に本腰を入れなければならなかった私は一八頁までで、この本を読むのを止めた。

2018年9月25日、「兜太を語り TOTAと生きる」にて

## 石川桂郎と兜太さん

そして大学生になり自己表現の手段を俳句に求め、芥川龍之介、久保田万太郎など江戸ッ子（東京ッ子）風に憧れ、石川桂郎に師事することになる。しかし仲間もなく仙台の下宿から俳誌『風土』に投句を続けていた当時の私には、昭和三十六年に現代俳句協会から有季定型派の俳人達が俳人協会を設立して離れる紛争の真っ只中に桂郎さんと兜太さんが居たことなど全く与り知らぬことだった。

桂郎先生は昭和五十年に私が研修医として働いていた聖路加国際病院で亡くなった。生前、「前衛の中で兜太の作品だけが分かり、必ず毎号『海程』を熟読している。」と書いている。

その後、十年ほど前に黒田杏子さんを介して兜太さんにお目にかかり親しくお話をさせていただけるようになった。初対面の時に、

「細谷さんには無頼なところがある。医者が無頼さを感じさせるのは良い。」

と言われた。

私が桂郎の弟子と知ったからか、はたまた兜太さんのお父上、伊昔紅先生の昔を思ったのだろうか。

本棚に有ったボロボロの『今日の俳句』を通読した。加藤楸邨の兜太評「近代的知性と秩父人的野性のみごとな融合。（以下前述）」の的確さに改めて驚いた。

（ほそや・りょうた／小児科医・俳人）

リレー連載　近代日本を作った100人　56

# 後藤新平——東西文明融合のため自治の精神を貫いた実学思想家

鈴木一策

## 元老らに独自の『日本新王道論』を送付

一九〇五（明治三十八）年正月、四十七歳の新平は、伊藤博文ら元老全員に書き上げたばかりの小論『日本新王道論』を送付する。日露戦後に予想される、困窮する民をいかに養うか。欧州に社会主義が勢力を拡大し、民の困窮に乗じて国内にも波及しているが、恐れて弾圧するのでは破壊的社会主義の下地を作るようなもの。だから建設的な社会主義の政策実施が急務である。日本に昔からあった、為政者が「へりくだって」民の情に接すれば、民と天皇とのお互いの信頼関係ができ、民こそ国家の大本だとする「民《たみ》是国本《これくにもと》主義」が実現され、鎌倉時代の元寇で発揮されたような大統一も可能になるだろう。

為政者の任務は、天皇を補佐し、民を養う、日本固有の仁徳重視の社会主義を王道として実現することである。

この新王道論は、愛読書『集義和書』の著者、江戸前期の実学思想家・熊沢蕃山と、幕末の実学思想家・横井小楠との王道論を継承し、十九世紀末のドイツ留学と植民地の台湾経営に裏づけられた画期的なものであるが、今日まで公けにされてこなかった。

## 伊藤博文と新平との思想的交流

帝国憲法制定前、伊藤博文や山県有朋らはウィーンの「シュタイン詣《もうで》」をした。当時の憲法学の権威シュタインは、労働者階級の窮乏を予防する社会主義政策を実行する行政の確立を力説していた。

新平はシュタインを原語で熟読し、一八九五（明治二十八）年、伊藤博文と出会う。その直後、新平は伊藤に矢継ぎ早やに建白書を提示する。日清戦争の賠償金を天皇から下賜されるように議員を説得し、賠償金を、民の窮乏を予防する社会主義政策に充てるべし。格安の大病院・窮民寄宿所・孤児院・夜学などを整備することこそ、日本的社会主義の王道であると主張した。

『日本新王道論』を送付前に、新平は伊藤と思想的交流を果たしていたのである。

一九〇七（明四十）年、帝国主義化した米国に対峙し、欧州列強の大清帝国への介入を弱めるため、ロシアとの協調外交について、新平は、伊藤と三日三晩厳島で激論したと言う。王道論は外交にも向けられた。その二年後伊藤は、ロシアに向かう途、暗殺されるのだが、伊藤に託された外交の使命が「東西文化の融合」（『正伝・後藤新平』4、「厳島夜話」五〇五頁）にあったことは示唆深い。

## 「東西文化融合」を目指す自治の精神

伊藤博文の遺志を受け継いだ新平は、一九二三（大正十二）年前後、欧州戦争に参戦した米国の帝国主義化を批判した歴史家ビーアドと、労農ロシアの極東全権大使ヨッフェとを招いて交流させる豪胆な私的外交によって、東西文化融合の王道を内外に示す。

一九二六（大正十五）年、普通選挙に備え全国展開された「政治の倫理化」運動は、かの王道論の公表だった。小冊子『国難《こくなん》来《きたる》』は、ロシア革命を欧州戦争の「最大の成果」とし、冷静な対応を訴える。欧米のデモクラシーや社会主義に浮かれる潮流も、ロシア革命を恐れて排外主義に居直る潮流も、王道を見失っていると警告。百万部を突破した小冊子『政治の倫理化』に掲載の自治三訣こそ、日本王道文化の端的な表現だ。

天地をねじ伏せて恥じない欧米の奢れる個人主義文明に、天地の神気・霊気を畏敬し、感応する寛容で質素な「へりくだる」文化の復興を自治の精神とし、この文化を世界に発信しようとした。

新平の宣言「現代日本の天職は東西文明の融合にあり」（「日独学術接近論」大正二年）は、自治の精神が王道を踏みしめるものであることを世界に告げていた。

（すずき・いっさく／哲学・宗教思想研究家）

▲後藤新平（1857-1929）
水沢（現岩手県奥州市）の武家の生まれ。1880年（明治13）愛知病院長兼愛知医学校長。板垣退助の岐阜遭難事件に駆けつける。83年内務省衛生局。90年春ドイツ留学、帰国後衛生局長。相馬事件に連座し衛生局を辞す。98年台湾総督府民政長官、台湾近代化に努める。1906年初代満鉄総裁、満鉄経営の基礎を築く。08年夏より逓相、その後鉄道院総裁・拓殖局副総裁を兼ねた。20年東京市長となり、市政の刷新、市民による自治の推進、「八億円計画」を提唱。関東大震災直後の内相兼帝都復興院総裁、大規模な復興計画を立案。政界引退後は、東京放送局（現ＮＨＫ）初代総裁、少年団総長を歴任、「政治の倫理化」を訴え、全国を遊説。

連載　今、世界は（第V期）7

# ロシア国民はプーチンの共犯者でなくなった

木村 汎

外交は、内政の延長――。この命題には、一抹の真理がある。まず何よりも、内政も外交も同一の為政者が行う。ならば、指導者は内政の状況次第で、対外活動の匙加減を変えるだろう。ロシアのプーチン大統領は典型例である。彼は、国内の専政や経済的困窮から国民の目を逸らす狙いで、これまで対外的に派手なデモンストレーションを続けて来た。ソチ冬季五輪、サッカーW杯の主催など。

とりわけ愛用したのが、「勝利をもたらす小さな戦争」だった。プーチン大統領の戦略は見事に効を奏し、クリミアの併合は彼の人気を八四%、シリアへの空爆は八九・九%へと上昇させた。ロシア軍の連戦連勝の報道を垂れ流す国営テレビに見入って、国民は空っぽの冷蔵庫をよそに拍手喝采した。ロシア国民はプーチノクラシー（プーチン統治）の共犯者だった。

プーチン式マジックは、しかしながら永続きしない。このことを実証しはじめたのが、今年九月だった。プーチン大統領は、同月十一～十三日に習近平国家主席、安倍晋三首相らアジアの指導者たちをウラジオストクに招いて、「東方経済フォーラム」を主宰した。十一～十七日には、中国、モンゴル軍を招いて、大軍事演習「ボストーク（東方）二〇一八」を実施した。ともに、ロシア、とりわけプーチン氏の力を対外的に誇示する狙いの華々しい打上げ花火だった。

ところが、である。同月十六日実施の地方知事選では、政権与党「統一ロシア」の少なくない数の現職候補たちが敗れたり、選挙違反を問われたりする異例の事態が続出した。背後には、プーチン政権が提案した年金法改正案が国民の猛反発を招き、大統領自身の支持率が急落した事情が存在する。これらの動きをもってプーチノクラシー凋落の始まりと見るのは、確かに時期尚早だろう。だが、少なくとも同大統領の神通力に翳りが生じ、ロシア国民が彼の共犯者たることを止めた兆候と解釈できるかもしれない。

（きむら・ひろし／北海道大学名誉教授）

■〈連載〉沖縄からの声［第Ⅳ期］8

# 辺野古大浦湾は龍宮の海

ミュージシャン　海勢頭《うみせど》　豊《ゆたか》

南西諸島に誕生した琉球王国は、諸外国からグレートリュウチュウ、すなわち、大琉球と称された平和国家であった。龍宮神ジュゴンを国の守護神にして平和外交を行い、中国、朝鮮、日本、東南アジア諸国を結ぶ要となって、大交易時代を築き、繁栄した大琉球王国。しかし、小さな島嶼国にすぎない、およそ無防備な国が、何ゆえ五百年にわたって戦争をしないで平和を維持できたのか、答えは、大琉球の「大」の字にあった。

本来、「大」は「ダイ」ではなく、ウチナーでは「ウフ」「ウプ」と読み、ヤマトでは「オフ」「オオ」と読んだ字だ。

この「大」の字には、どういう意味があるのか。それは、水面から頭を出している人であり、すなわち、ジュゴンを表わしている。また、龍宮神信仰を表わした字でもある。

もし、その考えが当っているとするなら、南西諸島に溢れる「大」の謎が、一挙に解けることになる。例えば、大琉球はウフリュウチュウで、ジュゴンに護られた国を表わし、大交易はウフアチネー＝大商いと言って、ジュゴンに加護された交易を表わしている。また、大人のことをウフッチュと呼び、ジュゴンのように平和で大人しい、信仰の厚い人をさす。

では、今の日本に大人はいるか、というと、沖縄にはいるが、本土には殆ど大人はいないことになる。ジュゴンの藻場とサンゴを守ろうと、辺野古新基地建設に反対する沖縄県民が多いということは、それだけ、沖縄には大人がいるということである。しかし、かつては日本でもジュゴンを守護神としていた時代があった。その歴史を忘れ、辺野古大浦湾を埋め立てようとする政府の行為は、もはや、大人ではない。

大浦湾はウフラ湾と呼ばれる龍宮の海。二〇一五年までそこにいた若いジュゴンが、今行方不明で姿が見えない。巨大軍事基地が造られようとしている辺野古地先には、ウフマタ遺跡があり、そこは宗教上の聖地だった。また、辺野古漁港の突堤の先には龍宮神の祠があって、鳥居が立つ。大災害が起こらぬよう祈るしかない。

この夏、日本列島に次々襲来した台風の姿が、ジュゴンに見えた。とても偶然とは思えないのである。

Le Monde

■連載・『ル・モンド』から世界を読む〔第Ⅱ期〕27

# 頑張れ　チュニジア

加藤晴久

少し前のことになるが、チュニジアのベジ・カイド・エセブシ大統領は、八月一三日（チュニジア女性の日）、遺産相続分を男女平等にする法律を採択するよう国会（国民代表会議）に求めた。これまではコーランの教条にもとづき、同一親等で女性は男性の半分と決められていたのだから、いかに「革命的」な指示であるか容易に理解できるだろう。そればかりではない。大統領は、二〇一七年に設置した「個人の諸自由と平等に関する委員会」(Colibe)が今年六月に提出した報告書にのっとって、死刑の廃止、同性愛者差別の禁止、親権の父母による共有、公的な場でラマダンに従わない権利、瀆神罪の廃止などをも決議するよう求めたのである。八月一六日付『ル・モンド』の社説のタイトルが「チュニジア、アラブ世界に希望の曙光」だったのも肯ける。

エセブシ大統領は九一歳の超高齢者！

チュニジアが独立したのは一九五六年。ブルギバ大統領（一九〇三年―二〇〇〇没）のもとで、一九六三年に国家安全局長に就いて以来、内務相、国防相、外務相を歴任。ベン・アリ大統領（在位一九八七―二〇一一）の下でも国会議長。二〇一一年の「アラブの春」革命後は首相。常に権力の中枢にいた。二〇一二年に「ニダー・トゥネス」（チュニジアの呼びかけ）党を立ち上げ、二〇一四年、大統領選挙に勝利した。二〇一六年、イスラム穏健派政党のエンナハダとの連立内閣の首相として、四三歳の若手テクノクラート（実務者）のユーセフ・シェーヘドを抜擢して、今日にいたっている。

百戦錬磨の老政治家は、「国父」ブルギバ並の大胆な近代化改革によって、歴史に自分の名を刻もうとしたようだが、九月二八日付『ル・モンド』によると、雲行きが怪しい。

大統領が息子ハフェドを自分の後継者にしようとして、ニダー・トゥネスの党首に据え、有能で実績を挙げている首相の退陣を画策した。これに反対した所属議員の半数が離党して与党が弱体化。老大統領の折角のイニシアティブの成否が憂慮されている。（この稿、一〇月一〇日記）

（かとう・はるひさ／東京大学名誉教授）

■連載・花満径　32

# 媒体

中西　進

全世界最高の詩人に贈る賞として設定されたヤカモチ・メダル（大伴家持文学賞、富山県）の、創始の受賞者となったマイケル・ロングリー（北アイルランド）の詩は、並び称されたノーベル賞詩人シェイマス・ヒーニーに優るとも劣らない魅力をもつ。

　長い詩を引く紙幅のないままに短編をあげると、次のような作品がある。

　詩神への祈りを始めよう　煎餅や蕎麦《そば》
の実を捧げ
桜の花　寺の鐘　竹群《たけむら》　籠《かご》の中の蟋《こお》蟀《ろぎ》は
今年最後の早苗を
植える早乙女のた
めに鳴いている
外の世界で何が起
こっているか、十
分考えがある
（「詩神への祈り」）

さる二〇〇〇年刊行の英文詩集『日本の天気』に収められる一編である。

　彼にとって、詩作は詩の神をよび出すことから始まるらしい。その「神秘さと儀式」を読者に伝えるために、このような「日本のイメージ」を用いたのだと、来日の折の講演で語った。

　それほどに彼の詩には、国境がない。その上であまりにも日本的だ。ちなみに彼の来日経験は今まで一度しかない。

　そこで世界的でありながら日本的であることは何を意味するのか、広く論議されるべきであろう。

　また、詩というジャンルにおいてそれが可能であるという詩そのものの本質が、深く追求されるべきではないか。

　ここで論じる余白を持たないが、彼の詩ではギリシャ・ローマの物語と今の現実がごく自然に重ねられる。

　それとひとしく、地球上の異域が一体化するのであろう。

　右の詩でいう「外の世界」の出来事を知りながら詩神との対話が可能だということにも、それを解く鍵がある。

　このようにロングリーという詩人の個体は、メディア（媒体）なのだ。いうまでもなく「媒体」をつとに発見したのは、T・S・エリオットである。

（なかにし・すすむ／国際日本文化研究センター名誉教授）

〈連載〉生きているを見つめ、生きるを考える　44

# 生き物が絶滅しない環境を

中村桂子

マンモス再生の話をしたので、その前提となる絶滅を「絶滅できない動物たち」（M・R・オコナー）を参照しながら考える。恐竜やマンモスなどの人気者に限らない。生きものの歴史は絶滅の歴史と言ってもよく、とくに現代は、人間による自然破壊が絶滅を促進している。

アメリカ自然史博物館（AMNH）を訪れよう。博物館と言えばさまざまな標本が並ぶ展示室がイメージされるが、実は本命は地下にある。この博物館の場合三三万点を超える標本の九九％は地下にあるという。生命誌研究館の構想を練るためにスミソニアン国立自然史博物館を訪れた時に案内された地下が忘れられない。学校巡回展示用のカメやヘビなどさまざまな生きものも含めた標本と、大勢の学芸員や研究者で活気溢れていたのである。

AMNHの地下にある大きなステンレス容器には、世界各地から収拾した八万七〇〇〇件の組織がマイナス一六〇度で保存され、年に一万件が追加されている。南太平洋の島バヌアツのオウムガイ、アリゾナ州のヒョウガエルなど絶滅危惧種も多い。興味深いのは研究が終わった試料が多いことだ。将来その研究成果を生かせるかもしれないからであり、たとえばニューヨークの保健衛生局で研究されていた蚊が大事にしまわれている。

保存されている生物にまつわる一つの物語を紹介する。現在米国で四羽だけが飼育されているハワイガラス（アララ）は一九九〇年頃個体群が衰弱し、飼育下繁殖もうまく進まなかった。そこで野生のアララを施設に集めての保護が考えられたのだが、アララが生存する土地の所有者が「生物学者は傲慢で不愉快だ」と猛反対をした。議論の末、卵ならよいことになり、一九九六年に採取した一個が現在につながっているのである。

しかし、反対者が抱く、自然から離して繁殖させることに意味があるのか、アララの生きられる自然を考えることが大事だという気持は重要である。世界中のあらゆる場所で、多くの生物について考えなければならないことだ。

（なかむら・けいこ／JT生命誌研究館館長）

連載　国宝『医心方』からみる 20

# 椎《しい》の実

槇　佐知子

家にあれば笥《け》に盛《も》る飯《いひ》を草枕《くさまくら》旅にしあれば椎《しひ》の葉に盛る　有馬皇子《ありまのみこ》

悲運の人、有馬皇子が斎明《さいめい》天皇の行幸先の、紀州湯崎《ゆのさき》温泉へ連行される途中、「幸いにして生きて帰ることができたら」、と松の枝に結んだ二首のうたの一つである。

家にいれば食器に盛る飯を、このような旅先で椎の葉に盛って食べているとは、と歎く皇子。結局、皇子は帰ること叶わず、絞首刑に処せられたのだが。

椎はブナ科常緑喬木で暖地の海岸近くに自生し、実は煎っても生のままでも食べられるが、葉は小さい。スプーン代りに飯を葉で掬《すく》って食べたのであろうか。

私たち戦時下の学童らは競って椎の実を拾い、栗よりも小さい円錐形の皮を剥き、真白い実を齧った。ひもじさに馴れた子どもたちには、結構おいしかった。

それが『医心方』巻三十食養篇には、五菓四一種の二三番目に「椎子《すいし》」として載っている。椎子とは「シイの実」のことである。五菓とは陰陽五行の気を享けて生育した木の実の意で、草の実は蓏《か》と書く。

椎子は、

○味は甘、性は平である
○食べれば血と気の不足を補う
○陰陽のバランスをととのえる
○身体の滋養になる
○飢をみたす
○殻を除き、実を粉末にしてから蒸して食べる
○断穀《だんこく》のときの食品としてはイチイ（イチイ科常緑高木。深山に自生し、三〜四月に開花、九月頃に橙赤色に熟し、甘い。一名アララギ）よりも秀れている

『七巻経』

○味は甘、性はやや温である
○五臓の機能を補う
○脾臓と胃を安定させる

（崔禹錫《さいうしゃく》）

当時は道教や仏教の修行者が断穀し、通常の食事は断つが、木の実や、樹皮・樹脂、ゴマなどは食べた。

なお、樹は防火木で椎茸《しいたけ》の原木となる。

（まき・さちこ／古典医学研究家）

## 一〇月新刊

世界史から、昭和12年を問い直す

# 昭和12年とは何か

宮脇淳子／倉山満／藤岡信勝

昭和十二（一九三七）年――盧溝橋事件、通州事件、上海事変、正定事件、南京事件が起き、支那事変（日中戦争）が始まった、日本にとって運命の年である。この前後を切り口に、常識とされている様々な視点を見直す。第二次世界大戦を目前に控えた昭和十二年を、世界史の中で俯瞰、専門領域を超えた研究者たちと交流し、歴史の真実を追究する。

四六変上製　二六四頁　二二〇〇円

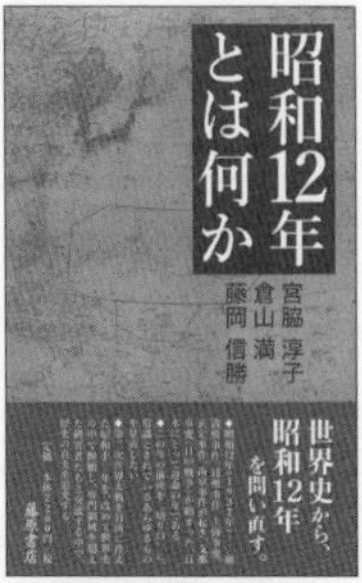


「美」でも「利」でもなく「義」を生きた人物たちの系譜

# 義のアウトサイダー

新保祐司

内村鑑三をはじめ、田中小実昌、三島由紀夫、五味康祐、島木健作、大佛次郎、江藤淳、福田恆存、小林秀雄、北村透谷、信時潔、北原白秋、富岡鉄斎、村岡典嗣、中谷宇吉郎、渡辺京二、そして粕谷一希――明治以降の日本の精神史において、近代化の奔流に便乗せず、神・歴史・自然に正対する道を歩んだ人物を辿る、渾身の批評集成。

四六上製　四一六頁　三二〇〇円

エーリッヒ・フロムとは何者か？

# フロムと神秘主義

清　眞人

フロムの思索的営為の背景の最深部として、彼の「神秘主義」論および彼の宗教論に初めて着目。マルクス、ヴェーバー、鈴木大拙、サルトル、ニーチェ、ブーバーらを対置し、フロムの思索の全体像とともに問題構造を浮かび上がらせた、日本初の総合的フロム論。三〇年間の探究から生まれたフロム論の決定版！

Ａ５上製　四六四頁　五五〇〇円

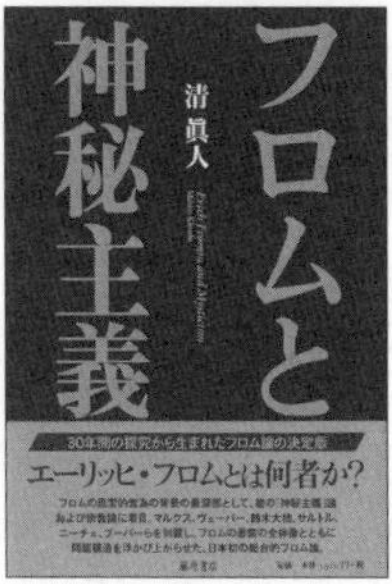


## 最近の重版より

**看取りの人生【後藤新平の「自治三訣」を生きて】**
内山章子
四六上製　二四〇頁　一八〇〇円　（2刷）

バルザック「人間喜劇」セレクション　（4刷）
**あら皮【欲望の哲学】**
バルザック　小倉孝誠訳＝解説
四六変上製　四四八頁　三二〇〇円　（2刷）

**百歳の遺言【いのちから「教育」を考える】**
大田堯＋中村桂子
Ｂ６変上製　一四四頁　一五〇〇円

岡田英弘著作集（全8巻）　四六上製布クロス装
2 **世界史とは何か**　五二〇頁　四六〇〇円　（3刷）
3 **日本とは何か**　五六〇頁　四八〇〇円　（3刷）

**苦海浄土　全三部**
石牟礼道子
四六上製　一一四四頁　四二〇〇円　（5刷）

完本 **春の城**
石牟礼道子
四六上製　九一二頁　四六〇〇円　（3刷）

石牟礼道子全集　不知火（全17巻・別巻一）　Ａ５上製貼函入布クロス装
12 **天湖ほか**　エッセイ1994　五二〇頁　八五〇〇円　（2刷）
13 **春の城ほか**　七八四頁　八五〇〇円　（2刷）

# 読者の声

［イベント］9／25『兜太 Tota』創刊記念

**兜太を語り TOTAと生きる■**

▼大変楽しく充実した時間でした。ありがとうございました。

俳句の世界はこんなに広いのだと勇気づけられた気がいたします。（東京 **武井清子**）

▼熊谷からまいりました。

今日は、意外な方から多方面にわたりお話があり、兜太師の人となりを更に深く知ることができました。

映画の予告もみることができてよかったです。とても貴重な機会でした。ラッキーです。末長く刊行物が出版できますように願っています。

もっともっと学び続けようと思いました。（埼玉 **小川美穂子**）

▼兜太さんの句は私にとって難解でしたが、今日の企画によって導きの糸が近くになった感があります。

花鳥諷詠を是としていましたが、もっと深く人間の魂に入れる俳句を学びたいと思います。（長野 **高橋達幸**）

▼お元気で秩父音頭を唄って下さった金子兜太さんありがとうございました。痛快ではっきりした先生の生き方にとても感動いたします。

兜太をのせて　秋桜花――

――流星群（ながれぼし）

空を見上げては、その姿を思い出す日々です。（東京 **野武由佳璃**）

▼すばらしい企画に感謝いたします。まさしく知の巨人の方達の講演でした。（千葉 **小柴千鶴恵**）

▼悼辞　それぞれの方の言葉が実感もって語られた。澤地さんの政治に引きずり込んだ、にいささか胸痛んだ。

映画もよかった。

シンポ　それぞれくせのある人達の言葉おもしろく、良かった。（東京 **田中怜子**）

▼各氏の悼辞の中にさえも、師への悼辞以前に我田引水の語りかけが耳障りなところがございました。マブソンさん、細谷さんは兜太先生への至情籠る真摯な思いを披瀝されましたが。

シンポジウムに至って、上記の傾向著しく、ひとり、上野千鶴子さんだけが、まっとうな兜太さんへの心映えを語られた様に存じます。黒田杏子さん、すてきでしたよ。各々の長広舌を前に、きっちり手綱を締めつつも、ユーモラスな進行に敬服致しました。

ありがとうございました。（長野 **奥村和子**）

▼「天地悠々　兜太・俳句の一本道」予告編、先生が最後の入院をされる数時間前の映像を拝見することができて感激しました。河邑監督のお話の先生の事を語られる目の輝きを忘れません。

私も二月六日の消印で「海程香川」の字を書きましょうとお葉書を頂きました。小さな句会ですが、「自由にお創りを！」と話して励まして下さいました。先生も句座にいらっしゃるような熱い句会のお世話をさせていただきたいと思いを強くいたしました。

「悼辞」〈わたしの兜太〉も〈シンポジウム〉もお一人お一人の言葉がとても心に響きました。先生もきっと大喜びされていると存じます。

ありがとうございました。香川から参加できてよかったです。（香川 **野﨑憲子**）

▼期待以上の面白い会でした。小生、俳句歴四年ですが、これからも増々俳句に遊んでいきたいと思いました。（**石原俊彦**）

**看取りの人生■**

▼鶴見祐輔（政治家・作家）、愛子（後藤新平の長女）の両親のもとに、姉・和子、兄・俊輔の妹として生き、両親を看取り、結婚のなごやかなま

どいの中、長男洋を突然に失う。その後、夫に先立たれ、姉の看護にあけくれ、その臨終までを手あつく看取り、記録した本書。その誠実で謙虚な人柄が、文章からにじみでており、感動した。死に直面し毅然として逝った和子さんの姿に胸打たれた。

（愛知　著述業　山下智恵子　79歳）

釈伝　空海㊤㊦■

▼大変な力作でした。西宮さんを讃えたいと思います。中尊寺には、大般若経があります（清衡の命によるもの）。玄奘三蔵の訳ですが、心経の解釈は、少し西宮さんと異なります。「空」はエネルギーのこと、「色」は物質の全てです。シッダルタは、定常宇宙論の主張をしたのです。

（東京　木村修　71歳）

※みなさまのご感想・お便りをお待ちしています。お気軽に小社「読者の声」係まで、お送り下さい。掲載の方には粗品を進呈いたします。

## 書評日誌（八・三〜九・二五）

(書) 書評　(紹) 紹介　(記) 関連記事
Ⓣ テレビ　(イ) インタビュー

八・三　(紹)毎日新聞（夕刊）「甦れ、大地！」（「もよおし　EVENTS」）

八・五　(イ)京都民報「現場とつながる学者人生」（「生活者の視点で見る大切さ」／「〝つながって変える〟は可能」／聞き手・荒川康子）

八・一〇　(記)毎日新聞「現場とつながる学者人生」（「市民環境運動と共に」／「石田元京大教授　出版記念講演」／榊原雅晴）

八・二六　(記)台湾研究資料［後藤新平の会］（「シンポジウム　後藤新平の「生を衛る道」が開催される」）

八月号　(記)女性のひろば「金時鐘コレクション」（「この国の闇を打つ光」／「日韓のはざまに生きた詩人・『金時鐘コレクション』発刊に寄せて」／河津聖恵）

九・三〜　(紹)共同配信「兜太」vol.1（「俳人・金子さんの足跡をたどる」／「雑誌「兜太」が創刊」／「晩年のインタビューなど掲載」）

九・三　(紹)文化通信「兜太」vol.1（「出版」／「俳人・金子兜太氏の名を冠する総合雑誌」／「『兜太TOTA』創刊」）

九・六　(紹)東京新聞（夕刊）「モードの誘惑」（「大波小波」／「モード論の復活」）

九・九　(紹)毎日新聞「医師が診た核の傷」

九・一三　(記)朝日新聞（夕刊）「兜太」vol.1／「兜太を語りTOTAと生きる」（「遺志継ぐ「兜太TOTA」創刊」／「大きな視野　持つ雑誌に」／樋口大二）

九月一四日号　(書)週刊ポスト「看取りの人生」（「兄・俊輔、姉・和子を凌ぐ素直な名文で綴る『鶴見家』」／坪内祐三）

九・一五　(紹)日本経済新聞「モードの誘惑」（「「男の領分」が女に移る歴史」）

九・一六　(紹)読売新聞「竹下しづの女」（「記者が選ぶ」）

九・一八　(書)毎日新聞（夕刊）「看取りの人生」（「著者のことば」／「「黒子」として記録」／山口敦雄）

九・二〇　(記)産経新聞「政治家の胸中」（「産経抄」）

九・二二　(紹)日本経済新聞「竹下しづの女」（「知と情の俳人の歩みたどる」）

九・二三　(書)世界日報「東京を愛したスパイたち」（「ロシア人3人の生活と活動」／川成洋）
(紹)信濃毎日新聞「看取りの人生」

九・二五　(書)ジャーナリスト「もう「ゴミの島」と言わせない」（「43年の闘いで産廃90万トン撤去」／刎田鉱造）

雑誌『兜太 *Tota*』創刊記念

# 兜太と語り TOTAと生きる

二〇一八年 九月二十五日(火)12時半

於・有楽町朝日ホール

二月二十日に九十八歳で急逝した俳人、金子兜太さん（1919-2018）。俳句界を超えその思想を伝えることを目指す雑誌『兜太 *Tota*』の創刊記念イベントが催され、約四百人の来場者で賑わった。

社主・藤原良雄の挨拶で開幕。編集長の**筑紫磐井**氏、編集委員の**井口時男**、**橋本榮治**、**坂本宮尾**、**中嶋鬼谷**、**横澤放川**各氏から新雑誌創刊への想いが語られた。

次に、金子さんの晩年五年間のドキュメンタリー映画『天地悠々　兜太・俳句の一本道』の予告篇を上映。**河邑厚徳**監督は「同時代を生きることができた素晴しい日本人だった」と語る。

続いて七名の方から悼辞（柳田邦男氏は欠席）。フランス出身の俳人、**マブソン青眼**氏からは、兜太さん揮毫の「俳句弾圧不忘の碑」建立の逸話。小児科医・俳人の**細谷亮太**氏は、『今日の俳句』での兜太さんとの出会いと、「無

頼」と評された思い出。兜太さんと六十歳差の俳人、**神野紗希**氏は、兜太八十代の句「子馬が街を走っていたよ夜明けのこと」の初々しさを。現代俳句協会特別顧問の**宮坂静生**氏は「縄文以来の季節感」に着目した兜太さんへの共鳴。**澤地久枝**氏は「アベ政治を許さない」の色紙と、兜太さんの痩せた背中の思い出。東京新聞の**加古陽治**氏は、三年間で一三万以上の句が寄せられた同紙「平和の俳句」欄のこと。ジャカルタから駆けつけた俳人、**西村我尼吾**氏は、「正岡子規国際俳句賞」の思い出を語った。

後半は、編集主幹の**黒田杏子**氏の司会で、パネリスト四人の討論。**いとうせいこう**氏は伊藤園「お～いお茶新俳句大賞」や東京新聞「平和の俳句」での暖かい交流について。**下重暁子**氏は「兜太の出現は一つの事件であった」と看破。**芳賀徹**氏は兜太さんの『詩經國風』を、中国古典を見事に肉感的に兜太の世界にしたと評価。**上野千鶴子**氏は「短詩型は、崩れゆく自我の補助具として私を支えてくれる」と語った。

当日の詳細は雑誌『兜太』次号に掲載。御期待を。（記・編集部）

十二月新刊予定

＊タイトルは仮題

二〇一八年度ノーベル賞受賞！

# 生命科学の未来

がん免疫治療と獲得免疫

本庶 佑　ノーベル医学生理学賞受賞！

「医学的な研究は、長い眼で見て、本当に基礎的なことから思いがけない大きな発見が出る」――本庶佑「免疫は記憶する」という研究の核心、生命体の「多様性」の原理、そして世紀の発見に至るまでの道のりを平易に語った講演に加えて、長期的・国際的視点にたって「予防医療」の重要性と、「基礎科学」および「生命科学」への投資の重要性を強く訴えた対談（川勝平太氏）を収録。

二千年に亘る日中関係から中国観を問い直す

# 新しい中国観

古代から現在までの変容

小倉和夫

明治以降、日本にとって中国は、近代化に遅れ、混乱と混迷に満ちた国であり、同時に、その文化的伝統に対し親近感を覚える国であった。しかし、現在の中国の大国化に加え日中間の伝統的つながりが衰退している。従来の中国観に代えて新しい中国観を確立しなければならない時期に来ている。二千年前から続く日中関係を問い直して、「日本にとって中国とは何であったのか」を今再考する。

〝人間が生きるとは何か〟を考える本

# 人生の選択

デーケン少年のナチへの抵抗

原案＝A・デーケン
画＝池田宗弘　文＝堀 妙子

ナチの学校への入学をすすめられたデーケン少年は言った、「ぼくは行きません」――わずか12歳の少年が命がけで選んだ道、それは「生と死を考える」原点となった。〝死生学〟を提唱したアルフォンス・デーケン神父の少年時代を、同時代を生きた彫刻家の池田宗弘が画を描き、堀妙子が物語化した。小学生から大人まで――心の深奥をゆり動かす絵物語。

大好評の〝五郎ワールド〟の書籍化第二弾！

# 宿命に生き運命に挑む

橋本五郎（読売新聞特別編集委員）

名コラムニストであり、時代と格闘するジャーナリストとしての自在な筆は、先人や同時代人の真摯な生き方に鋭く迫る。二〇一〇年一月～二〇一八年七月に至る八四本の秀作を集めた名コラム集！

沖縄から見つめ直す新しいアジアとは？

# 新しいアジアの予感

琉球からアジア／世界へ

安里英子

琉球という足元を深く掘り下げ、同時にアイヌ、台湾、朝鮮半島、日本とのつながりを、民俗・生活の根源にある〝自然〟〝いのち〟から一つ一つたどり直す、精神史の旅。揺れ動く現代の沖縄から発信する、揺るがない琉球の歴史のこころを探る。

## 11月の新刊

タイトルは仮題、定価は予価。

**静寂と沈黙の歴史** ＊
ルネサンスから現代まで
A・コルバン　カラー口絵8頁
小倉孝誠・中川真知子訳　小倉孝誠解説
四六変上製　二二四頁　二六〇〇円

**芸の心** ＊
能狂言　終わりなき道
野村四郎
山本東次郎　笠井賢一編　カラー口絵8頁
四六上製　二四〇頁　二八〇〇円

**メディア都市パリ** ＊
山田登世子　解説＝工藤庸子
四六上製　三二〇頁　二五〇〇円

**都市のエクスタシー** ＊
山田登世子
四六変上製　三二八頁　二八〇〇円

**金時鐘コレクション**（全12巻）　内容見本呈
7 **在日二世にむけて** ＊
「さらされるものと、さらすものと」ほか　文集Ⅰ　口絵2頁
〈解説〉四方田犬彦　〈解題〉細見和之
〈月報〉鄭仁／高亨天／音谷健郎／大槻睦子
四六変上製　四三二頁　三八〇〇円

**中村桂子コレクション・いのち愛づる生命誌**（全8巻）　発刊　内容見本呈
Ⅴ **あそぶ**　12歳の生命誌　口絵2頁
〈解説〉養老孟司
〈月報〉赤坂憲雄／大石芳野／川田順造／西垣通
四六変上製　二八八頁　二二〇〇円

## 12月以降新刊予定

**生命科学の未来** ＊
がん免疫治療と獲得免疫
本庶佑

**新しい中国観** ＊
古代から現在までの変容
小倉和夫

**人生の選択** ＊
デーケン少年のナチへの抵抗
A・デーケン＝原案
池田宗弘＝画　堀妙子＝文

**新しいアジアの予感** ＊
琉球からアジア／世界へ
安里英子

**宿命に生き　運命に挑む** ＊
橋本五郎

**死とは何か**（上）
一三〇〇年から現在まで
M・ヴォヴェル　（上）瓜生洋一・立川孝一訳

## 好評既刊書

**義のアウトサイダー** ＊
新保祐司
四六上製　四一六頁　三二〇〇円

**昭和12年とは何か** ＊
宮脇淳子／倉山満／藤岡信勝
四六変上製　二六四頁　二二〇〇円

**フロムと神秘主義** ＊
清眞人
A5上製　四六四頁　五五〇〇円

雑誌 **兜太** *Tota Vol. 1*　発刊
〈特集〉一九一九　私が俳句
編集主幹＝黒田杏子　編集長＝筑紫磐井
A5判　二〇〇頁　一二〇〇円

**東京に「いのちの森」を！**
宮脇昭　カラー口絵4頁
四六変上製　二一六頁　一六〇〇円

画文集　**第70代横綱日馬富士**
**相撲道**　カラー画約120枚
監修＝草山清和　文＝日馬富士公平
画と文＝橋本委久子
B4変上製　一四四頁　三五〇〇円

**医師が診た核の傷**
現場から告発する原爆と原発
広岩近広
四六判　三二〇頁　二二〇〇円

＊の商品は今号に紹介記事を掲載しております。併せてご覧戴ければ幸いです。

## 書店様へ

▼『週刊ポスト』の坪内祐三さんの書評に始まり、『毎日』（夕）「著者のことば」、『北海道』『東京・中日』『西日本』三社連合（澤地久枝評）他、共同配信でも紹介され、**内山章子『看取りの人生』**大反響！　忽ち重版！　アマゾンは勿論、各地の紀伊國屋書店様や、様々な書店様からも客注続々追加。▼**故・山田登世子**さんの**『モードの誘惑』**。共同配信で全国の地方紙に大きく紹介され、動き好調。▼**片桐庸夫『横田喜三郎』**、『朝日』（10／20）『毎日』（10／28）の読書欄での著者インタビューで大きく掲載、話題に。全国の読者から注文続々。▼**『雑誌 兜太 Tota vol.1〈特集・一九一九 私が俳句〉』**発売忽ち全国の読者から注文殺到。▼**『画文集 第70代横綱日馬富士 相撲道』**はモンゴルの大書店からも大量に注文が来て、来春にはモンゴル語の出版も予定される程大評判。▼二〇一八年ノーベル賞を受賞された**本庶佑**氏、受賞後初の**『生命科学の未来 がん免疫治療と獲得免疫』**12／5に全国配本！　パネルやPOP等拡材ご用意しています。お気軽にご相談を。（**営業部**）

## 吉田秀和賞受賞！

**堀 真理子**

# 『改訂を重ねる『ゴドーを待ちながら』』

芸術文化振興のため、優れた芸術評論に与えられる、平成30年度・第28回吉田秀和賞（水戸芸術館）を受賞しました。

## パピルス賞受賞！

**鎌田 慧**　聞き手＝出河雅彦

# 『声なき人々の戦後史』

アカデミズムの外で達成される学問的業績、学問と社会を結びつける業績に与えられる、平成30年度第16回パピルス賞（関記念財団）を受賞しました。



## お知らせ

# 本庶佑博士ノーベル医学・生理学賞受賞！

京都大高等研究院の本庶佑特別教授が二〇一八年のノーベル医学・生理学賞を受賞。本庶氏はがん細胞を攻撃する免疫の働きにブレーキをかけるたんぱく質「PD-1」を発見した。これにより、このブレーキを取り除くことで新しい「がん免疫療法」が実現し、多くのがん患者に希望を与えている。

# 藤原良雄社主 仏アカデミー・フランセーズから「フランス語フランス文学顕揚賞」受賞

小社社長藤原良雄が、アカデミー・フランセーズより「フランス語フランス文学顕揚賞」を贈られた。一九六〇年に設立され、言語と文学に特別な功績のあるフランスあるいは外国の人物を対象とし、日本人としては吉川一義氏、水林章氏に続き三人目、日本の出版人としては初めての受賞となる。授賞式は、十二月六日、アカデミー・フランセーズで行われる。

## 出版随想

▼まだ母の喪が明けぬが、この一ヶ月程忙しいことはなかった。熊本での故・石牟礼道子についての講演、北海道でのアイヌ取材、仏からの大物政治家の来日の突然の企画出版協力、鶴見和子生誕百年企画イベント、日本子守唄協会二十周年記念イベント（西舘好子会長）、内山章子さんの卒寿記念と出版の祝、沖縄から上京されたミュージシャン海勢頭豊さんを囲む会……その他出版にまつわる会議、責了に追われる日々であった。その中で、皇后さまからのお招きでお誕生会で皇居に。いつもお会いするOさんやM夫妻、Kさんらのお姿が見えなくて寂しかった。

▼十一月は、パピルス賞と吉田秀和賞のダブル受賞。本当に有難い。鎌田慧さんは、この半世紀、独自の視点で社会を描き出すルポを身を挺して書き続けてきた硬骨漢。その半生を描いた本に与えられた。これ程嬉しいことはない。氏のこれまで歩んで来られた道は茨の連続であったと思うが、よくぞここまでまっしぐらに歩んでこられたことに感服。

▼吉田秀和さんとは、よく鎌倉のご自宅に足を運び、バルバラ夫人の『日本文学の光と影』出版についての構成や訳文の打合せをしたものだ。その折、今水戸芸術館が「吉田秀和賞」なるものを作ってくれている。今回のK氏の作品はお見事だ。こういう若者がわが国から出たのが本当に嬉しいと語っておられたことを思い出す。まさか氏の死後、「吉田秀和賞」を小社の作品が受賞するとは夢にも思わなかった。今も氏の「いい『批評』がなければいい『作品』は生まれない」という言葉を座右の言葉としている。（亮）